「米どころ」「しろ平最中」と焼型（しろ平老舗）

「いがまんじゅう」（正和堂）

落雁「大津画」と木型（藤屋内匠）

最中の皮（種新）

「丁稚羊羹」（氏郷庵かどや）

夕照庵にて茶の湯のお菓子（亀屋廣房）

近江米の素焼きのおかき（八荒堂）

唐崎神社のみたらし祭の神饌「御手洗団子」

「うばがもち」（うばがもちや）

日枝神社の敬宮神事の神饌「ちん」

飴屋の店頭（下村製菓所）

「くしだんご」（吉田玉栄堂）

日吉大社の山王祭の神饌「粟津の御供」

酒井神社・両社神社のおこぼ神事の神饌「オダイモク」

別冊淡海文庫15

近江の和菓子

井上由理子 著

目次

第一章　歴史の語り菓子

第二章　湖国の景色菓子

第一章

歴史の語り菓子

国道１号沿いに立つ「逢坂山関址」の石碑

東海道中甘味の旅路

大津宿、茶店の名物と道中土産

日本のお菓子―和菓子が今日のような姿に完成したのは、江戸時代のことである。他国からもたらされた唐果子《からくだもの》や点心《てんしん》、南蛮《なんばん》菓子などが、茶の湯などの影響を受けながら和菓子として極められる一方で、庶民のあいだでも茶店や茶屋で供されるお菓子が充実していった。「人の集うところに菓子あり」で社寺の門前菓子や街道の名物菓子が次々に生み出されたのである。

近江にはお寺や神社が多いうえに、江戸時代の五街道のうち東海道と中山道のふたつの街道が貫く。ほかにも活気に満ちた歴史街道が湖国の地を縦横に縫うなど、近江はまさに街

逢坂山付近に「元祖走井餅本家」の石碑がある

道菓子のメッカであった。ときに徳川家康が東海道の宿場を整備したのは、慶長六年（一六〇一）のこと。四百年余りの時代をたどって、まずは近江のお菓子を訪ねる旅をしよう。

東海道と北国街道の分岐点、大津宿の札の辻に立って、来し方を振り返ってみた。ここより半里ばかり西へ、逢坂《おうさか》峠には千年の清水を湛える走井《はしりい》の井筒が残されている。寛政九年（一七九七）刊の『東海道名所図会《ずえ》』は「後の山水ここに走り下って湧き出づること瀝々として寒暑に増減なく甘味なり」と走井の井筒について記し、井戸のそばの走井茶屋の情景を描いている。この名水をもちいて、明和年間（一七六四～七二）に走井市郎右衛門が世に出したとされるのが『走井餅』。名所図会では、木箱に丸い餅をぎっしりと並べて、二人の女性が販売している様子を伝えている。残念ながら、当時の走井餅がどのようなお菓子だったのかは不明。

現在つくられている走井餅は漉餡《こしあん》入りの求肥《ぎゅうひ》製で、細おもてに形づくられている。三條小《さんじょうこ》鍛冶《かじ》が走井の名水で名刀を鍛

大津宿…田中太湖堂の「走り井」。走井から清水が湧く情景を表現している

えたことにちなんで、刀剣をかたどったともいわれる。逢坂山麓に一軒、また浜大津の近辺に数件の走井餅の製造元がある。それぞれ『走り井餅』『走り井』『名水餅』などと名を違え、姿も風味も微妙に異なる。（京都八幡《やわた》に走井餅老舗の『走井餅』がある）

逢坂あたりには上質のお菓子屋が多かったとみえ、享保《きょうほう》十九年（一七三四）に膳所《ぜぜ》藩士寒川辰清が編纂した『近江輿《よ》地志略』の土産の項に「饅頭 追分町より逢坂の辺まで多くの是あり、風味京師に劣らず、外郎《ういろう》餅・羊羹《ようかん》等也」とある。これを街道筋の土産と限定することはできないが、東海道付近には京菓子に劣らない饅頭や外郎、羊羹などが土産として売られていたようだ。

さて、札の辻より旅路は東へのびる。旧東海道にあたる京町通り沿いに「御饅頭處」の屋根看板を掲げた餅兵《もちひょう》というお菓子屋がある。江戸後期の看板と伝え、店内には螺鈿《らでん》細工の行器《ほかい》が置かれている。餅兵は商都であった大津の町方の餅

旧東海道沿いにある餅兵の屋根看板。江戸後期のものと伝える

屋として栄えたお店だ。旅人の往来の激しかった時代には、茶店の役割も果たしてきた。現在も真夏に店頭に並ぶ〝しんこ〟など季節の朝生《あさなま》が評判で、茶屋時代のお菓子の面影をしのばせている。しんこがお盆に供えられるお菓子でもあるように、街道菓子には、その地方の風習のお菓子を商品として高めていったものが少なくない。

　街道のお菓子といえば、まずは茶店のお菓子を思い浮かべるが、旅にはお土産がつきものだ。京町通りより一本西の中町通りの藤屋《ふじや》内匠《たくみ》の創業は、寛文元年（一六六一）とすこぶる古い。店に伝わる享保年間（一七一六〜三五）の『菓子納品覚書帳』によると、同店の得意先として膳所城や大津代官所をはじめ、諸藩の蔵屋敷などが列記されている。参勤交代のおりには、藤屋内匠のお菓子は江戸への献上菓子としても重宝がられたと推測される。十三代目当主の遠藤仁兵衛さんは贈答品の菓子について「日持ちのするもの、たとえば半生菓子の『汐《しお》美《み》饅頭』や干菓子の『大津画《え》落雁《らくがん》』『近江八景』、

餅兵の「しんこ」。江戸時代から屋台や行商などでも売られた庶民のお菓子（19ページ）

膳所藩の御用達羊羹だった『湖水月《こすいげつ》』などが考えられます」と話す。

お菓子もまた、東海道を旅したのだ。

草津宿、天下の名物「姥《うば》が餅」

もっとも有名な近江の街道菓子は、草津宿の『姥が餅』で、全国の街道菓子の双璧として、東海道の府中（静岡）安倍川の『安倍川《あべかわ》餅』と並び称される名物中の名物だ。

草津は東海道と中山道の合流点であり、五十三次屈指の大宿駅として栄えた。宿場は本陣や脇本陣、旅籠《はたご》屋など宿泊施設を中心として形成されている。宿場にももちろんお茶やお菓子で一服する茶店もあるのだが、駕籠《かご》などを止めて休憩する立場《たてば》の方が、むしろ街道菓子の中心であった。姥が餅も草津宿を少し外れた立場の矢倉を発祥地としている。矢倉で詠まれた俗詩に「勢田《せた》へ回ろか矢橋へ下ろかここが思案の姥

草津宿…うばがもちやの「うばがもち」。茶店専用の皿に芭蕉の俳句「千代の春契るや尉と姥が餅」と記されている

が餅」がある。

寛政九年（一七九七）の『伊勢参宮名所図会』や文化十一年（一八一四）の『近江名所図会』の「乳母《うば》ケ餅」の絵図を見ると、その繁栄ぶりには目を見はる。間口の広い屋形の表に掛茶屋の形態を保ちながらも、塀の中には書院や築山を築き、大名の輿が出入りしている様子がうかがえる。茶店が繁盛すると、料理屋や廓《くるわ》へと移行する例は多いが、姥が餅の店のありようは、まるで観光施設といった趣なのだ。

姥が餅には名物らしく、故事来歴の諸説がある。通説となっているのは、一人の乳母の忠臣譚《ちゅうしんたん》。永禄十二年（一五六九）近江源氏の佐々木義賢《よしたか》が織田信長に亡ぼされる。義賢は曾孫の幼児を乳母に託す。郷里の草津に戻った乳母は、餅をつくっては売った収入で、幼児を養育した。やがてこの餅は、乳母がつくる『姥が餅』と呼ばれるようになったという。なんでも徳川家康が大坂に向かう途中に、このお餅を賞味したとの記述もある。

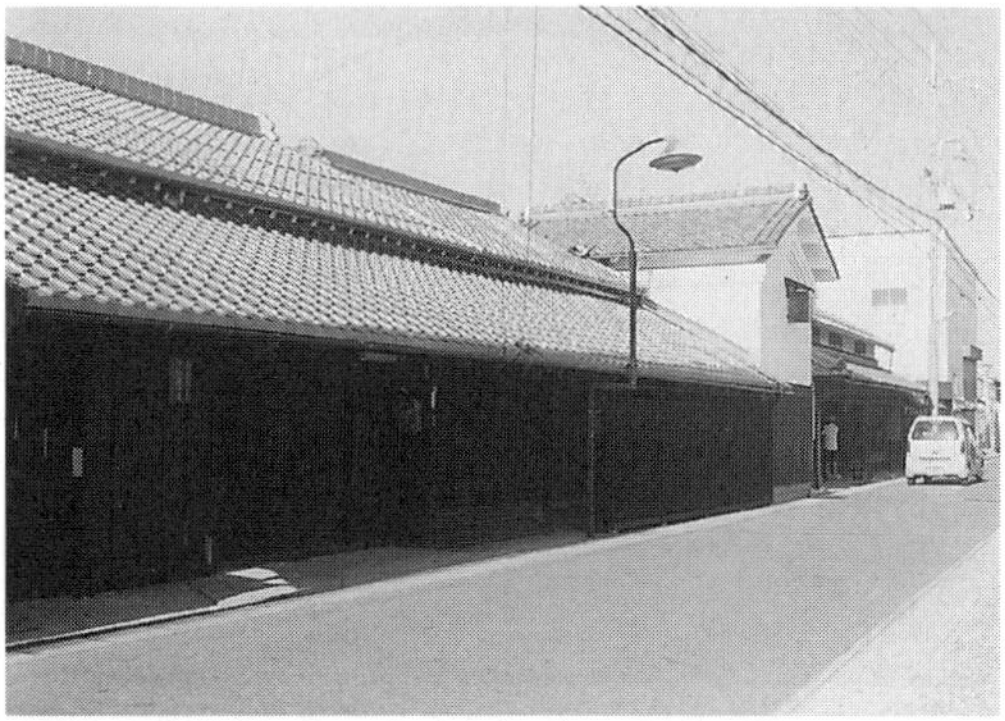

手原の旧東海道には、往時を偲ばせる旧家が続く

ところで姥が餅は当時どんなお菓子だったのだろうか。幕末の万延元年（一八六〇）に出た五雲亭貞秀《ごうんていさだひで》の錦絵『東海道五十三次』によると、『姥ケ餅』として、上製「一盆五十銭」、下製「同十五銭」という文字を、お餅の絵の横に記している。上製は整った腰高の形をし、一方の下製は三分の一ほどの大きさで、ぞんざいに丸めたような仕上がりだ。当時の姥が餅には、どうやら並と上があったらしい。

お菓子の話題からそれるが、少し菓子器にもこだわってみたい。姥が餅を盛る器は、貞秀の絵だと丸い陶器のようだが、そう時代は変わらない歌川重宣《しげのぶ》の描く浮世絵では四角の重箱のようなもので出されている。草津市の所蔵する江戸時代の「姥ケ餅重箱」には「春秋のちとせを契《ちぎ》る尉姥もちもつきますお茶もたてます」のキャッチフレーズのような宣伝文句が見える。

街道の名物菓子用にオリジナルの器がつくられるのは珍しいことではない。姥が餅も江戸中期には、専用の餅皿が使わ

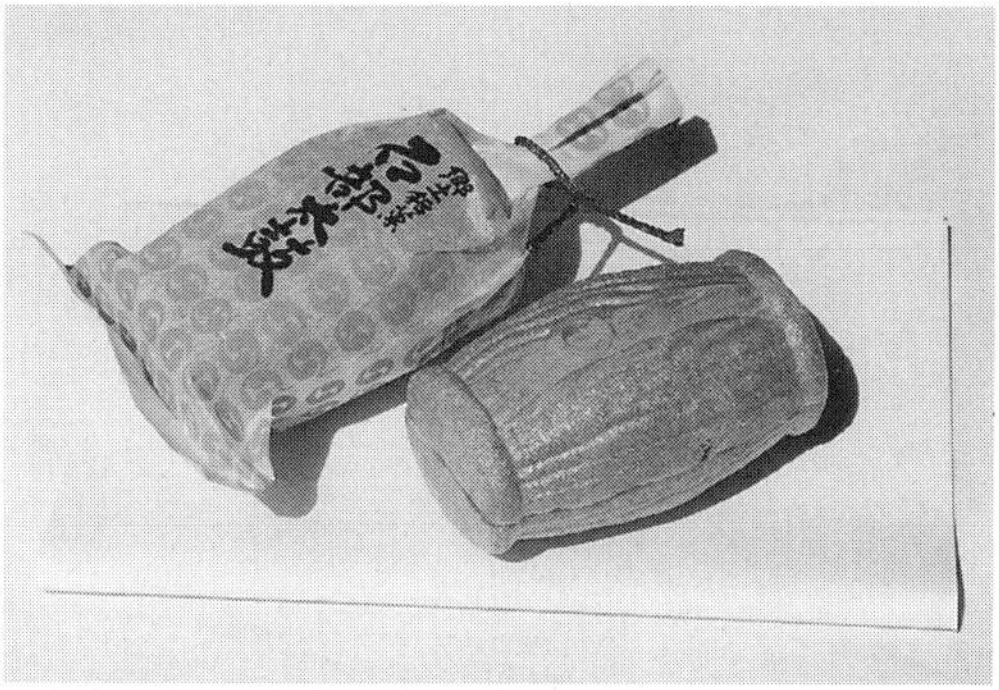

石部宿…谷口長栄堂の「石部太鼓」。宿そばの石部鹿塩上神社の石部太鼓にちなむ

れるようになっていたらしい。伝承によると八代当主の瀬川都義《くによし》は、店頭で使う餅皿に限らず、京都の名工らに茶器を焼かせて「姥餅」の押印をつけていた。これが「姥が餅焼」と呼ばれ、湖東焼や膳所焼のお家焼きとともに、近江の焼き物として有名になった。店頭用には鉄釉《てつゆう》の陶器で、茶器には黒《くろ》楽《らく》と交趾《こうち》写しなどがあったともいわれる。図会などで見られる姥が餅屋の立派な建物を考えあわせると、上客を姥が餅焼の茶器でもてなしていた情景が浮かんでくる。

　寛永四年（一七〇七）に上演された近松門左衛門の浄瑠璃『丹波《たんば》与《よ》作《さく》侍《まつ》夜《よ》の小室節《こむろぶし》』の「道中双六《すごろく》」の段にも登場するなど、一世を風靡していた姥が餅だが、昭和十年ごろにいったん姿を消した。

　戦後に復活したうばがもちやの『うばがもち』は、求肥を親指の先ほどにちぎって、漉餡で包み、てっぺんに白い練りきりを添えた愛らしい姿をしている。なんでも乳母が幼児にあたえた乳房をあらわしているとか。

亀屋廣房の「兼平餅」

大津宿・石部宿・水口宿、菓子名は歴史の語り部

姥が餅がそうであるように、街道のお菓子の名前には、まことしやかな歴史物語がこめられている。歴史に拠《よ》ってお菓子を創作したのか、「まずはお菓子ありき」で歴史をこじつけたのかは定かではない。どちらにしてもお菓子はご当地の美味なる語り部となっている。

たとえば『兼平《かねひら》餅』。木曽義仲とともに壮絶な戦を戦った今井四郎兼平は、膳所の粟津《あわづ》の松原で命を絶った。八百年近くの時を経て、当地で兼平ゆかりのお菓子としてつくられたのが『兼平餅』だ。

粟津の松原は民家のない所で、仇討《あだう》ちの場となったり、追《おい》剝《はぎ》が続出したりしていた。そこで安政年間（一八五四〜五九）のころに、旅人の安全を守るために三軒の茶屋が開かれた。そのうちの一軒、小田原屋がつくっていたのが兼平餅。蓬《よもぎ》餅を黒砂糖の煮汁につけ、きな粉をふりかけたお菓子だった。

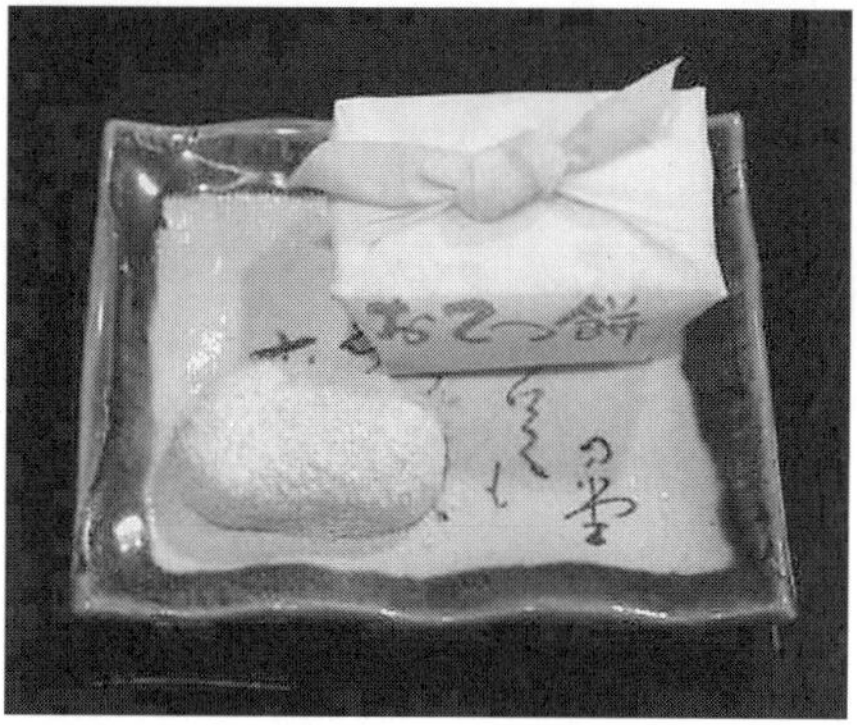

鶴屋益光の「お鉄餅」

人名を冠したお菓子には、店の看板娘の名前を拝借したものもある。粟津にほど近く、中庄伊勢屋町の四つ辻に建つ俵屋長角軒の名物は餡餅の『お鉄餅』であった。名前の出所は、茶屋で評判の娘お鉄さん。さぞかしお餅のようにふくよかな娘であったのだろう。また店名の長角軒は、蕪門十哲《しょうもんじってつ》の一人、榎本《えのもと》其《き》角《かく》がつけたという逸話が、江戸期の噂話として漏れ聞こえてくる。

兼平餅もお鉄餅も、明治期に店が廃業したのにともない途絶えたが、幸運なことに再興されている。明治初年に三軒茶屋が廃業して百年後、膳所の亀屋廣房が『兼平餅』を再現した。黒砂糖と蓬《よもぎ》を加えた餅で、粒餡を包み、きなこをまぶしている。『お鉄餅』は坂本の鶴屋益光のお菓子で、粒餡を包んだ黒砂糖風味の餅に、はったい粉をふってある。

街道の時間は、とどまらない。連綿と続き、あるいは復興されたお菓子はほんの一握りで、膨大な数の街道菓子のほとんどは、歴史の記憶にも残らず消えた。たとえば、石部宿の

一味屋の焼き菓子「水口の里」

水口宿…街道筋に建つ一味屋は当代で五代目。初代から旅人に饅頭や餅を売っていた

はずれの街道沿いに五軒茶屋の地名が残されているが、当時の街道菓子をしのぶよすがはない。また近江名所図会に「心太を売る茶屋多し」と書かれた夏見《なつみ》の里（湖南市夏見）の『心太《ところてん》』は、石部と水口間の街道筋に名残すら見出すことができなかった。「伊勢参宮名所図会」には、夏見の立場の名物として「心太」の看板がかかげられ、突き出しで心太を出して平椀に入れている絵が描かれている。

また『東海道五十三次』には、赤、白、緑などの団子を麻糸に通したものを十五本一束にした絵が描かれている。説明として「草津石部ノ辺家毎軒ツルシ商ツ五色團子ヲ麻糸以ツナク大キサ宇津ノ谷十団子ノ如シ」とある。駿河《するが》の宇津《うつ》の谷《や》（静岡市）の集落では、道中安全の厄よけのお守りとして、各家の軒先に『十団子』を吊す風習があった。十団子は大豆ぐらいの大きさのお餅を数珠《じゅず》のように連ねたもののようだ。石部の団子もこれに準じるものだったのだろうか。

もちろん、街道菓子は江戸時代の遺物ではない。石部宿か

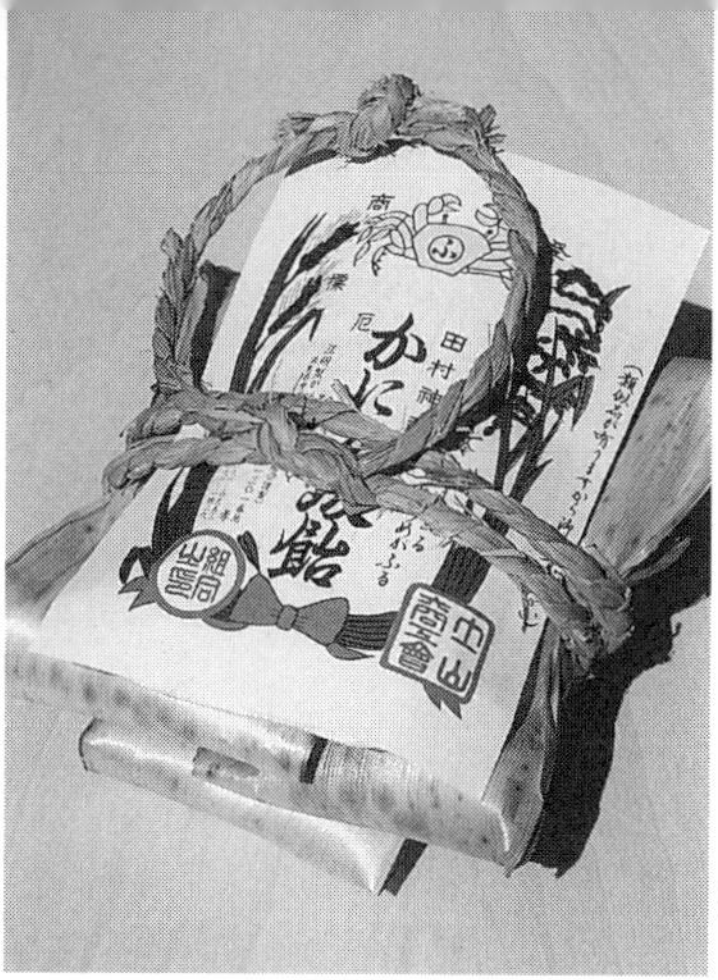

土山宿…高岡孝「かにが坂飴」素朴な麦芽糖の飴。竹の皮で包み荒縄でくくりつけてある

ら水口宿へと東海道を旅すると、明治大正に旅人を相手にしていたいくつかの老舗が、谷口長栄堂の『石部太鼓』や一味屋の『水口の里』『本陣ようかん』といった街道ゆかりの新作を、郷土菓子としてつくり出している。街道は、今も昔もお菓子を生み出す母なる道だ。

土山宿、旅の安全の祈りをこめて

大津宿の札の辻から出発した近江東海道の旅は、土山の宿駅で終わる。

土山といえば、まずは『かにが坂飴《さかあめ》』を思い浮かべる。かにが坂飴は本来、田村神社の厄除《やくよ》け大祭の厄除けとして製造されてきた。その由来は太古の昔にさかのぼる。鈴鹿山麓に巨大な蟹が出没しては旅人や住民に危害を加えていた。ある日、比叡山の恵心僧都《えしんそうず》（源信）が土山に赴き、襲いかかろうとする蟹に印明《いんみょう》を示して説法を説くと、蟹は悪行を悟り、

正和堂の「いがまんじゅう」。土山の各菓子屋でつくられている

わが身の甲羅を八つに割り裂いて消え失せた。僧都がこの甲羅を埋めて供養すると、蟹の血が固まり八個の飴と化した。僧都はこの飴を竹の皮に包んで厄除けとし、里人に与えたという（90ページ参照）。

宗教的な伝説を持つかにが坂飴は、かつては街道名物として、鈴鹿峠近くで旅人に求められ『山中飴』『地黄煎《じおうせん》』と呼ばれていたらしい。今は東海道の宿駅ならぬ国道一号の道の駅「あいの土山」で売られている。

土山のお菓子屋でよく見かけるお菓子に『いがまんじゅう』がある。いがまんじゅうは、団子の中に漉餡を入れて平たく丸め、赤、黄、青に染めた飯粒を飾ったもの。よく似たお菓子が東海や北陸にあり、昔は東海道の庄野宿でも『伊賀餅』の名で売られていたと聞く。

旧東海道沿いでいがまんじゅうをつくる正和堂《しょうわどう》の三代目の吉山勇さんに生前伺った話では、「三十年ほど前になりますか、地元の菓子屋七軒が集まって、街道にちなんだお菓子を

正和堂の「万人講灯籠もなか」。包み紙に「坂は照る照る鈴鹿は曇るあいの土山雨が降る」と馬子唄が記されている

土山の旧東海道。奥に鈴鹿山脈を望む

つくろうと話し合ったんです」。旅人は鈴鹿山での盗賊の襲撃を恐れ、山中で火を焚くことができなかった。そこで米粉を湯で練って丸めただけの団子を携帯していたという。その団子にあやかったのが、いがまんじゅう。また正和堂には『万人講灯籠《まんにんこうとうろう》もなか』の代表銘菓がある。旅人や商人が旅の安全を祈願して建立した万人講常夜燈の石灯籠をかたどっている。

天災人災の多発する険しい路。鈴鹿峠を見はるかし、旅人はしばしのあいだ土山宿で寛いだ。いがまんじゅうをはじめとする街道のお菓子は、旅の空腹を慰めるとともに、旅人の安全を守る祈りのお菓子でもあった。

柏原の旧中山道。瓦屋根と植木の緑が美しい

中山道菓子縁《ゆかり》の道行

守山宿・篠原宿・鏡宿のご当地菓子

中山道は東海道と並ぶ日本の大動脈である。江戸日本橋を出発した中山道は、やがて近江を縦断して草津で東海道と合流し、京の都にいたる。中山道六十九次のうち、近江には九つの宿場がある。草津宿については、すでに東海道の旅路で『姥が餅』を紹介しているので、ここでは守山宿から出発したい。

守山宿には、草津の姥が餅のように今に伝わる名物菓子の記録は見つからないものの、幕末の文久三年（一八六三）に出された『守山往来』によると、ところてんやわらび餅が売

守山宿…本陣のそばにある餅井菓舗のゲンジボタルにちなむ「蛍月」。

られていたと記されている。

現在、中山道沿いには何軒かの和菓子屋の老舗があり、餅菓子など心のこもったお菓子を調製している。

本陣跡付近の街道沿い（守山市守山一丁目）、ガラスケースに季節菓子を並べる餅伊菓舗の創業は昭和六年。初代の考案した『蛍月《けいげつ》』は、守山の蛍《ほたる》にちなんだお菓子である。明治のころより全国的に有名になった守山の蛍は「まるで不夜城のごとき景観」だと賞され、大正十三年に国の天然記念物に指定された。しかし時代とともに蛍は激減。一方の蛍月は、ほの明るい白餡の焼き菓子としてつくり続けられた。今また復活を試みる守山の蛍に思いをはせる街道の名物だ。

現在の中山道は江戸時代に整備された街道だが、中山道の原型とされる東山道は、すでに七世紀に拓かれていたとされる。守山から武佐《むさ》（近江八幡市）にかけても、野洲の篠原や竜王の鏡などの古代からの名高い宿駅がある。それぞれの宿の地域性を表現したお菓子を味わってみたい。

篠原宿…梅元老舗の「しのはら餅」

明治十八年（一八八五）創業の梅元老舗は、地元ゆかりの銘菓をつくり続けている。『しのはら餅』は羽二重《はぶたえ》にきな粉をまぶした素材本位のお菓子である。『近江輿地志略』に「篠原餅篠原に産する処餅米の性甚強く他産と大に異なり」、藤原明衡『新猿楽記』に「近江土産、餅としてせるは此事なり」とある。篠原の糯米《もちごめ》で搗《つ》いた餅は、街道の名物として有名だったのだ。野洲の滋賀羽二重糯を使用したしのはら餅もまた、米のうまみを生かしたお菓子である。

鏡宿は鎌倉時代に栄えた宿で、牛若丸（源義経）の元服《げんぷく》の地としても知られる。鏡神社のそばに旧跡があり、平成十五年には中山道を隔てた地に、道の駅「かがみの里」をオープンした。ここでは地元竜王の日進堂がつくる黄身餡の焼き饅頭『鏡の里』や烏帽子《えぼし》の形をした最中《もなか》の『義経元服もち』が販売されている。

朝鮮人街道・近江八幡での饗応のお菓子の復元（近江八幡市「第七次朝鮮通信使の饗応料理復元」より）

武佐宿の茶店伝説と朝鮮人街道

武佐宿から東へ少し、中山道の茶店に関わる言い伝えがある。

その昔、村井藤斎《とうさい》という者が茶店を営んでいた。藤斎の妹が旅の僧に恋をして、その僧の残した茶を飲んだところ、不思議なことに身籠《みごも》ってしまい、ついに男の子を出産した。三年後に僧と再会した娘は、ことのなりゆきを告げる。すると僧は子供に息を吹きかけ、子供を泡にして消してしまった。娘は近くの池におられた地蔵を子供と思ってまつり、やがてこの地蔵は泡子《あわこ》地蔵と呼ばれるようになったという。街道沿いには、泡子地蔵の碑が建っている。

中山道は東海道をはじめ八風《はっぷう》街道、御代参《ごだいさん》街道など他の街道とも交わる。朝鮮人街道は、野洲でいったん中山道から離れて、中山道と平行するように走り、鳥居本《とりいもと》で合流している。武佐のある近江八幡は、朝鮮人街道が通る地だ。

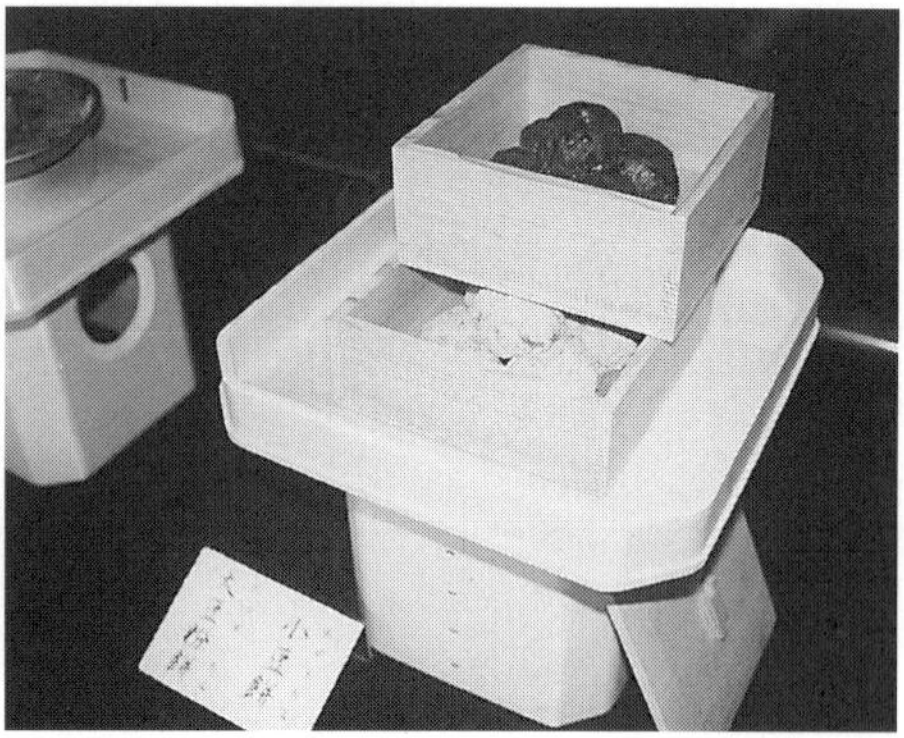

朝鮮人街道・近江八幡での饗応のお菓子の復元
上「小豆餅」下「大豆粉餅」
（近江八幡市「第七次朝鮮通信使の饗応料理復元」より）

ここで少し朝鮮人街道にかかわるお菓子について触れたい。朝鮮人街道とは、朝鮮から来日した親善使節の朝鮮通信使が江戸に向かって進んだ街道をさす。江戸時代を通して十二回にわたって来日し、幕府は総力を挙げて歓待した。

近江での昼の休憩所として選ばれたのが近江八幡である。そのおりの饗応《きょうおう》の接待の中にお菓子も含まれている。『宗家記録』の天和《てんな》二年（一六八二）の記録によると饅頭、羊羹、外郎《ういろう》餅、有平糖《ありへいとう》、かすてら、葡萄《ぶどう》、柿の七種のほか、煎餅《せんべい》や落雁《らくがん》などが供されているのがわかる。お菓子以外にも小豆《あずき》餅や大豆粉餅などの餅類、冷物として梨、栗、ざくろ、桃、蓮《はす》の水菓子がもてなされている。当時のデザートの最高級品ばかりであり、朝鮮通信使への手厚い待遇と、これを実現した近江八幡の経済力や食文化の高さが伺える。

愛知川宿…中山道四百年を記念してつくられたしろ平老舗の焼き菓子の「姫街道」

愛知川宿あたりの今昔菓子

武佐宿から愛知川宿《えちがわ》への道すがらのお菓子の話題を拾おう。老蘇《おいそ》（安土町）のあたりにあった一軒の餅屋。名物の『亀川餅』は糯米を粉にして絹篩《ふるい》にかけ、蒸してからよく搗き、黒砂糖餡を包み櫛《くし》形にしたもので、盆に載せて客に出していた。真っ白で柔らかくまるで絹のようだったので『絹餅』とも呼ばれていたという。昭和のはじめごろまであったらしい。

立場であった清水鼻《しみずはな》。大田南畝《おおたなんぽ》が享和二年（一八〇二）に着した『壬戌紀行《じんじゅつきこう》』に「焼米はせを売」とある。玄米をはぜらせたものを、袋入りにして売っていたのだろうか。

近江以外の中山道の宿で「焼米」を名物にしていた所があるが、こちらは水に浸しておいた籾《もみ》を、焙炉《ほいろ》で炒って搗き、平らな焼米にしたものだった。はぜ米と同様に日持ちがし、道中の非常食として重宝がられたとも思われる。

愛知川宿（愛知川町愛知川）は文化二年（一八〇五）の

高宮宿…本陣近くの茶店であった旭堂の「でっちようかん」

『木曽路《きそじ》名所図会』に「此宿は煎茶の名産にして能水に遇ふなり。銘を一溪茶といふ」とある。茶所だっただけにお菓子屋も多く残されたのだろうか。街道沿いには御幸《みゆき》餅商舗、都本舗さかえ屋、しろ平《へい》老舗、小松屋老舗の老舗が軒を並べる。江戸時代、愛知川宿には大福餅の名物があったらしいのだが、さて、これらはどのお店の商品であったのだろうか。

都本舗さかえ屋の創業は慶応元年（一八六五）で現在は五代目。昔は「饅頭屋の孝さん」と親しまれ、愛知川をわたり一休みする茶店をかねていた。初夏にはこのあたりの名物の『いが餅』や『いばら餅』などが店頭に並ぶ。店内には、書を認めた額がかけてある。腹をすかした旅の僧をお菓子でもてなしたところ、お礼にと障子紙に法華経《ほけきょう》を一筆書いたものと伝える。

しろ平老舗は中山道の茶店として慶応元年（一八六五）に創業。中山道四百年を記念して『姫街道』というお菓子を創作した。中山道は将軍家に嫁ぐ姫君らの大通行にも使われ

高宮は多賀大社の門前町でもあった。街道から神社までの参道には「糸切餅」の店が立ち並んでいた。菱屋製

「姫街道」とも呼ばれた。栗を白餡でくるみ、麦こがしを加えた生地を皮にした、手間隙《ひま》をかけた焼き菓子である。

高宮宿、門前菓子と峠の名物

高宮《たかみや》（彦根市）の本陣跡のそばにある旭堂は、中山道を旅人が行き交う古き良き時代を知っているお菓子屋である。創業明治七年。その昔、名物の酒饅頭で一服させる茶店の造りであったという。店内には明治時代の暦《こよみ》（カレンダー）に広告を掲載したものなどが貼られ、螺鈿《らでん》細工の行器《ほかい》を置く。

高宮宿の中ほどに多賀大社の一の鳥居がそびえる。高宮は多賀大社の門前町の一面もあり、お菓子の名物も多賀大社ゆかりの『糸切餅《いときり》』。鎌倉末期の文永の役と弘安の役の蒙古《もうこ》襲来時に神風が吹いたことに感謝して、蒙古軍の軍旗が多賀大社に納められた。この出来事に由来して、旗印の赤青の三本線を団子に描き、三味線《しゃみせん》の糸で小口に切ったお菓子が糸切餅。

磨針峠の望湖堂からの景観

起源には異説もある。(124ページ参照)

鳥居本の宿より山手へ。磨針《すりはり》峠は中山道を江戸から上がってきて、初めて琵琶湖が眺望できる地だ。昔、峠の左右には望湖堂と臨湖堂の茶屋があった。望湖堂は彦根藩主が建てたという茶屋本陣であり、公卿も諸大名も朝鮮通信使もここで一休みし「中山道第一の景勝也」と絶賛される風景を楽しんだ。そのおりに供されたのが『すりはり餅』だ。小さな餡ころのようなお菓子であり、塗りの盆でもてなされたという。

峠越えから番場の宿へ。そろそろ旅路の疲れが出始めるからか『壬戌紀行』には脚気《かっけ》の薬など足の薬が番場の名物として出てくるが、ほかにも鳥居本の赤玉神教丸など近江の中山道には薬の名物がすこぶる多い。

樋口の立場に関しては『壬戌紀行』に「名物あん餅、饅頭あり。溝あり、清水ながれて清し」と記す。

街道は素朴な和菓子と伝説の宝庫。醒井宿の泡子屋の「六方焼き」

醒井宿から柏原宿のお菓子のロマン

醒井宿《さめがい》を目前にした六軒茶屋は、大和郡山《やまとこおりやま》藩領と彦根藩との境界を示すために立てられた。そのうちの一軒の餅屋が『権兵衛餅《ごんべえ》』という名物を商っていたそうだ。江戸中期の南画家の池大雅《いけのたいが》がこの地を訪れたときに「名物権兵衛餅」と揮毫《きごう》した看板を伝承していたという。六軒茶屋には草餅の名物も認められるが、権兵衛餅と同一であろうか。

醒井宿には、武佐の泡子地蔵とよく似た言い伝えがある。西行《さいぎょう》に想いを寄せた茶店の娘が、西行が飲み残した茶の泡を飲んだところ、男の子が誕生した。そのことを聞いた西行は「もしわが子ならばもとの泡に帰れ」というと子供は泡となって消えたという。西行水の横に五輪塔《ごりんとう》の泡子塚がある。

泡子塚から店名をつけた泡子屋はもとは泡子塚のそばにあったお菓子屋で、三代目を数える老舗。餡餅や羊羹、六方焼き、きんつばなどを製菓している。

醒井宿…丁子屋の「醒井餅」。中山道四百年を記念して復活された

『木曽路名所図会』には醒井について「此清水の前には茶店ありて常に茶を入れ醒井餅とて名産を商う。夏は心太、素麺を冷やして旅客に出す。みな清泉の潤ひなるべしとぞしられける」という記述がある。さすがに名水処。清水が味の決め手となる食品ばかりだ。

『醒井餅』は全国に知れわたる近江の名物であり、お菓子の古い文献にもたびたび紹介されている。(48・140ページ参照)。およそかき餅のようなものであったのだろう。『近江名所図会』の醒井には茶店が並び、縁台で醒井餅を食べているところが描かれている。

ながらく途絶えていた醒井餅を近江中山道四百年を記念してご当地の丁子屋《ちょうじ》が復興した。ラベルに江戸時代の醒井餅の包み紙を模しているところが嬉しい。

柏原宿はもぐさを産する伊吹山の西南に位置し、江戸時代の盛んな時は、十数件のもぐさを商う店があったという。もっとも繁栄し今も営業を続けているのが亀屋左京商店。昔は

「居醒の清水」。街道のお菓子もまたきれいな水によって育まれた

餅を売る茶店と旅籠も兼業していて、敷地内の庭園を諸大名の休憩所として提供していた。天保六年（一八三五）の『木曽街道六十九次』の「柏原」には、掛け行灯《あんどん》に「酒さかな、金時《きんとき》もちや」とある。床几《しょうぎ》を並べた店内には、金時の人形が置いてあるのだが、『金時もち』とは力餅の一種だったのだろうか。

中山道の街道菓子は正体がおぼろげなお菓子が多く、その分ロマンに満ちている。

彦根城天守閣

城中城下の和菓子拝見

安土城、信長の茶会のお菓子

京の都の出入口であり、東西の交通の要衝《ようしょう》だった近江。県内にはなんと千三百を越える城が築かれていたとされ、近江全体が城の博物館といった様相なのだ。また中世末から近世にかけては、築城と同時に城下町が計画的に造営された。その多くが今もなお地域の中心街として機能している。

数々の城のなかでも、近世城郭の原点といえば安土城である。安土城は、織田信長が天下人としての第一歩を世に知らしめた証だ。天正七年（一五七九）きらびやかな天主を備えた安土城は壮大にして豪華絢爛《けんらん》、贅沢の限りをつくして出現し

安土城…鍔本舗万吾樓の信長ゆかりのお菓子。左「まけずの鍔」、右「戦国天下餅」、上「安土もも山」

た。しかし本能寺の変の直後、築城わずか三年にして炎上。

　幻の名城の夢の跡からは、日常的に使用された道具類が出土している。武士の生活文化のなかで重要な位置をしめていたものに茶の湯があるが、埋蔵品からも安土城内で盛んに茶会を開いていた様子がうかがえる。天目《てんもく》茶碗や茶入、建水《けんすい》、茶臼《ちゃうす》などの茶道具が発見されているのだ。『続群書類従《ぞくぐんしょるいじゅう》』には、天正十年（一五八二）信長が徳川家康を安土城内でもてなした時の献立の中に、御くわし（菓子）として「やうかん、うち栗、くるみ、あげ物、花にこふ、おこし米、のし」などがあげられている。また『天王寺屋会記』によると、天正五年（一五七七）安土城下において、松井友閑《ゆうかん》の茶会に招かれた時、御菓子として「まめあめ、打栗、くしかき」でもてなされたとされる。

　ちなみに天正元年（一五七三）に信長が京都で催した茶会では、御菓子九種として「美濃《みの》柿　こくししいたけ　花すりむき栗　キンカン　さくろ　キントン　むすびこふ　いりか

小谷山城…湖北町の城といえば浅井長政。大豆のかりんとう
「長政の剣かりんとう」湖北町特産品づくりどんぐり会製

や」が供されている。

信長が使ったお菓子からは、初期の茶会におけるお菓子が伺える。特徴のひとつは、柿や金柑、柘榴《ざくろ》などの果物と、栗や胡桃《くるみ》、椎茸、昆布に手を加えたものが多用されていること。『いりかや』は榧《かや》の実を空煎りしたものだろうか。江戸時代のはじめにお菓子として珍重された『煎榧《いりかや》』と共通する。また、今日のお菓子の原型と思われるのが『まめあめ』と『おこし米』。煎り大豆の粉を水飴で練ったらしいまめあめは『洲浜《すはま》』を、糯米を強飯《こわめし》にして煎り、水飴で固めたと思われるおこし米は現在の『おこし』を偲ばせている。

長浜城・八幡山城、お菓子の創造の活力

長浜城は豊臣秀吉がはじめて一国一城の主となった出発点である。また長浜は、彼の城下町政策の起点でもあり、縦町優先の碁盤目の町割りをつくり、商業を重視した自由都市を

長浜城…長浜の城下町には個性的な和菓子が多い。萬與の「生姜糖」もそのひとつ

めざした。秀吉の在城はわずか七年あまり。残念ながら、長浜城での秀吉茶会の記録が見あたらない。その後いく人かの城主を迎え、元和元年（一六一五）湖北統治の役割を彦根城にゆずって、長浜城は使命を終える。

しかし秀吉の残した都市計画は町のなかに引き継がれ、豊かな経済力と文化が残された。現在の長浜にみられる個性的なお菓子もまた、長浜の闊達《かったつ》な気風の所産だと思われる。たとえば江戸時代末期から明治のはじめに創業した老舗に例をとれば、萬與《まんよ》の『生姜《しょうが》糖』、親玉《おやだま》本店の『親玉まんじゅう』、元祖堅ボーロ本舗の『堅《かた》ボーロ』、藤本屋の『桃ちゃん羊羹』などが独創的なお菓子として知られている。

長浜と同じく、近江八幡も近世当初すでに城下町ではなくなった。それでもなお町としての発展を続けたのは、商都をめざした城下町基盤が土台にあったからだ。

八幡山城は天正十三年（一五八五）に、秀吉のおいの秀次によって築城された。八幡山城が秀次の不運とともに廃城し

長い間、城下町として栄えた彦根には、驚くほど和菓子屋が多い。彦根城にちなむお菓子も数知れず

たのは、文禄四年（一五九五）のこと。その後、町は近江商人の町として発展をとげる。お菓子も近江商人ならではのものが名物となり、現在にいたっている（51ページ参照）。

ところで、八幡山城の城下町の建設にあたり、安土城下から多くの商工業者が移転させられている。和菓子屋の紙平老《かみへい》舗もそのなかの一軒だった。もともと安土の住民だった紙平の祖先は、秀次の命で菩提寺の宝積寺《ほうしゃくじ》が八幡山城の城下に移転するのに随行し、八幡に移り住んだ。もとの屋号は紙屋平兵衛。昔は紙屋だったようで、途中で薬屋となる。安永年間（一七七二〜一七八一）ころより、薬屋であつかう砂糖や炭酸などを用いて菓子もつくるようになったと伝えている。

彦根城、井伊直弼ゆかりのお菓子

彦根は徳川幕府の政権下に築かれた城下町の代表である。城下町の建設は、井伊直勝（直継）と直孝による彦根城の築

いと重の銘菓「埋れ木」は、直弼が青年時代を過ごした埋木舎より命名

城とともにすすめられ、元和八年（一六二二）ごろにほぼ主要な町割りが完成した。城を中心にして堀がめぐらされ、町は堀に囲まれた四つの区間からなる。

井伊家出入りの御用商人であったいと重《じゅう》は、中堀と外堀に囲まれた三の丸に文化六年（一八〇九）に開業。この地域は中級の武家屋敷が集中する一方で、武士の生活に必要な職人や商人の住む商業区域でもあった。いと重の初代・糸屋重兵衛は、糯米と和三盆糖を材料にした求肥製の『益壽糖』を創始した（94・194ページ参照）。

井伊家千松館《せんしょうかん》保存の資料のなかに益壽糖を詠んだ長野主《しゅ》膳《ぜん》作と思われる和歌があるときく。十三代藩主・井伊直弼より主膳が糸屋重兵衛（現・いと重）の調整した益壽糖をたまわり、上包紙に「諸共にいさよき長き壽きをますますいとの心とも見よ」としたためているという。

製造に手間のかかる益壽糖は現在、予約のみの販売。益壽糖の風味を生かして工夫した『埋《うも》れ木』がいと重の代表銘菓

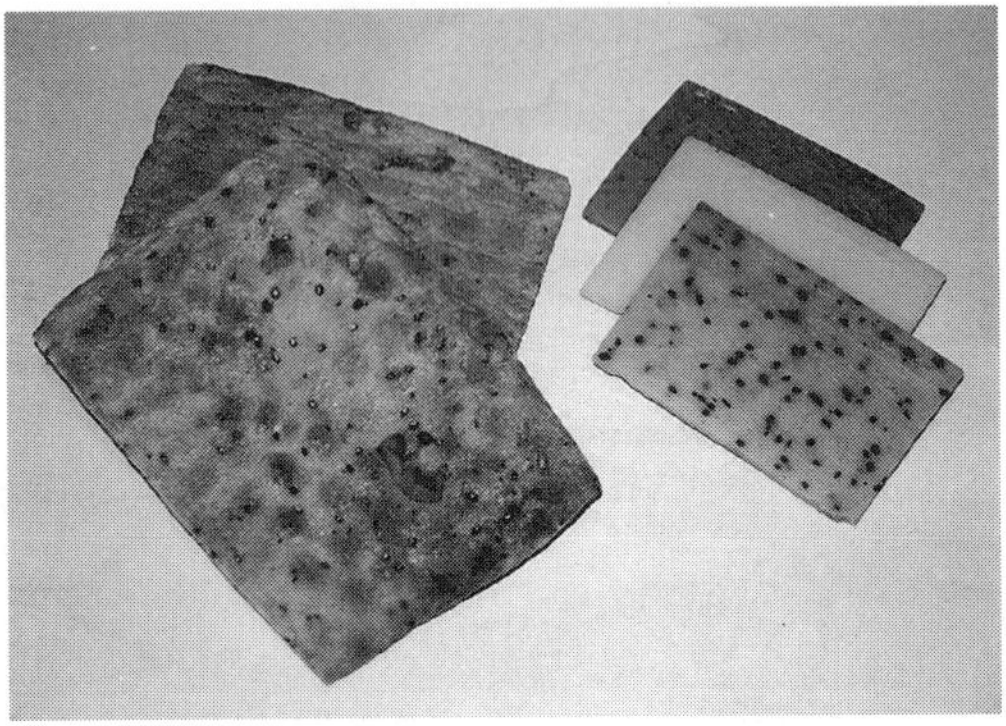

幕府への献上品ともなった「醒井餅」丁子屋製

となっている。お菓子の名前は、井伊直弼が青春時代を過ごした埋木舎《うもれぎのや》にちなんでつけられた。

井伊直弼は幕末における名だたる茶人である。茶会記の『彦根水屋帳』には、彦根で催された茶会五十七会記が記されていて、お菓子の記述も実に詳しい。（192ページ参照）

『彦根藩井伊家文書』に『醒が井餅』がみえる。元文元年（一七三六）の「老中奉書」には、藩主井伊直定が醒が井餅一箱を献上したことに対し、八代将軍徳川吉宗に披露したことを老中《ろうじゅう》中本田忠良から伝えられたとある。倹約策をすすめた吉宗は享保七年（一七二二）に、年中献上物には「領内土産物」や「在所之品」を中心とするように統制している。彦根藩では「在所之品」である醒が井餅を献上するのを慣例としていた。

膳所城・水口城、和菓子の都市化

湖南の拠点である膳所城は、関ヶ原合戦の翌年に徳川家康

膳所城…大津には腕利きのお菓子屋がたくさんあった。膳所藩御用達の藤屋内匠では、江戸時代からの和菓子をつくり続けている。写真は「汐美饅頭」

が築いた城である。

膳所藩御用達をつとめた藤屋内匠《ふじやたくみ》（大津市中央）の創業は寛文元年（一六六一）。同店に伝わる享保・文政年間の納品書から『汐美《しおみ》饅頭』や『湖水月《こすいげつ》』など七十種以上のお菓子が膳所城、大津代官所、諸藩の蔵屋敷、社寺、町方の家におさめられていたのがわかる。また文政十三年（一八三〇）の『大津上菓子屋仲間条目帳』などの古文書には、当時、大津には上菓子仲間が十九株あったことがしめされている。高価な白砂糖を使用した高級菓子をつくる菓子屋が、膳所城下を含む大津の町にはひしめき合っていたのだ。

水口城は「御茶屋御殿」と呼ばれる将軍家宿所として、三代将軍徳川家光の時代に築かれた。その後、天和二年（一六八二）加藤明友の居城となって水口藩が成立した。

水口には、江戸後期から明治維新後の廃藩までの藩政の実態をしめす資料として山村氏の『諸事書留』が伝承されている。これは水口藩の掛屋《かけや》（藩の公金出納《すいとう》を扱った商人）であ

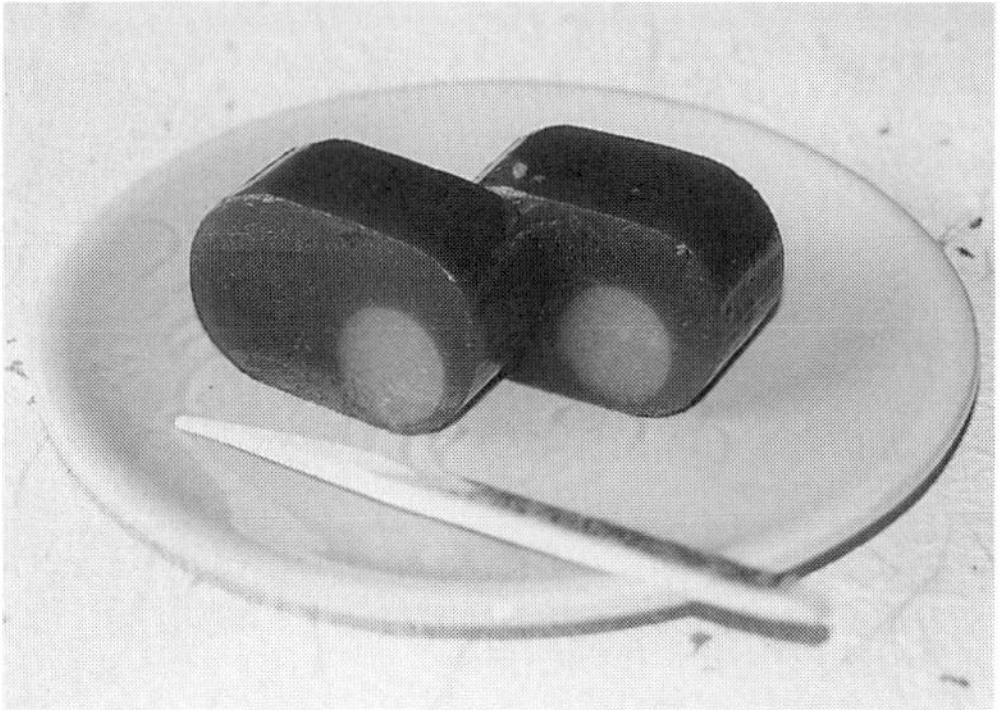

藤屋内匠の「湖水月」。夜の水面に映る月の表現が美しい棹物

り大庄屋も兼ねていた山村家の当主が書き留めた日記であり、同家の商業活動や日常生活をも克明に書き込まれている。

　諸事書留を見ると、藩主や藩の重役、商人、親戚縁者、使用人らとの日常茶飯事的なお菓子による接待や贈答のやりとりの記述のなんと多いことか。具体的な菓子名が記載されているものを文政十年（一八二七）の日記からひろってみると、かるやき、ういろう、粽《ちまき》、イカ餅、すはま、金玉糖《きんぎょくとう》、玉の井、柚餅《ゆうもち》、千歳寿、氷室《ひむろ》羊羹、瀧まんちう、中花まんちう、まん花糖、水せんまんちう、塩味まんちう、はし里餅、虎屋羊羹、関の戸、夜の梅…『諸事書留』のほんの一部をかいま見ただけでも、お菓子の名前があふれ出てくる。そこには自家製の餅菓子など以外に、名店の名菓が名を連ねていて、和菓子の内容の豊かさには目を見はるばかりだ。

　中世末期から明治維新へ、城郭と城下町の時代の三百年は、和菓子がめざましく発展した時期と重なり、近江のお菓子の都市化がすすめられた歴史でもあった。

行商中の近江商人（写真提供／近江商人博物館）

近江商人お菓子の心得

「粗末にしない」心から

天秤棒一本を肩に諸国を歩き、千両を稼いで財をなした近江商人。他国稼《かせぎ》商人の称をもち、商工業者として長い歴史を築いた近江商人には、商家の家訓に基づいた経営姿勢、生活信条があった。勤勉、倹約、堅実などの言葉にあらわされる近江商人の生活のなかで、「甘く」「贅沢」なお菓子がいかに食べられていたのかを探るのは、少し不謹慎かな、と思いながら近江商人の故郷であり、本拠地である近江八幡市と東近江市（旧五個荘町）を訪ねた。

八幡商人の御三家のひとつ西川甚五郎家の屋敷は、八幡堀に沿って長く続いている。きらびやかではないが、最高の材を惜しげもなく使用した屋敷内の座敷で、西川甚五郎本店の小西忠一さんと西川文化財団の田中良三さんから、近江商人についてのお話をうかがっていたときのこと。お茶受けに供されたでっち羊羹を何気なく見やりながら、お二人は問わず語りにこんな話をされた。

「丁稚入りは九歳から十一歳ぐらいまで。本宅で一、二年躾《しつけ》られたあと、京都や大阪、江戸などの出店《でだな》に移ります。親元を離れて奉公していた丁稚が、初めて故郷に帰ることが許されるのは、江戸出向の場合なら約五年後。在所への初登りです。二泊三日ばかりの帰宅から店にもどるとき、母親は子供に『ご主人さんや番頭さんによろしゅうにな』とお土産のお菓子を手渡しました。多分、貴重な砂糖や小豆を残して貯めておいて、母自らがこしらえたでっち羊羹だったのではないかと思います」

でっち羊羹とは、丁稚さんでも買うことができる安価なお

献上品のかき餅を焼く（写真提供／近江商人博物館）

菓子とだけ解釈していた私は、なけなしの材料で作られたという手作りのでっち羊羹を思い、胸が熱くなる。「食生活が贅沢になっても、食べ物を粗末にしてはいけません」というお二人の言葉が「近江商人とお菓子」の関係を暗示していた。

おやつは日々かきもち、あられ

富豪となった近江商人であっても、日常生活においては、質素倹約を貫いた。近江商人の留守宅である本宅の暮らし向きも、実につましいものであった。毎日の食事は年貢米と自給した野菜が中心で、常日頃のおやつは一年を通してかきもちとあられがほとんどである。

近江商人の子であり妻である、私立淡海《おうみ》女子実務学校の創立者・塚本さと子によって著された『姑《しゅうと》の餞別《せんべつ》』をひもといてみよう。昭和六年に発行されたこの本は、明治初年より

五個荘のかき餅の美味を引き継ぐ「てんびんおかき」五個荘町生活改善実行グループ製

同二十三年ごろにかけて綴《つづ》られた遺稿集で、五個荘の本宅での衣食住など家事全般について記された手引書だ。

『姑の餞別』の年中行事の項によると、一月五日の寒の入りに「かき餅」と記されている。この時期に一年分のかきもちを寒仕込みしたようだ。「かきもちこしらへかた」には詳しく配合と製法が書かれていて、白豆、黒豆、胡麻、黒砂糖、桂枝《けいし》、青のり、唐黍《とうきび》、粟を加えて、いろいろな種類のかきもちを作っていた様子がうかがえる。塚本一族のかきもちは評判がよく、大正年間に秩父宮《ちちぶのみや》家に献上もしている。

現在、かきもちは『てんびんおかき』の名前で五個荘の名産品のひとつになっている。てんびんおかきを作る五個荘生活改善実行グループのメンバーから、昔の商家のかきもち事情をうかがった。

「百パーセント糯米《もちごめ》のかきもちは、ご主人や奥さんらご家族の食べるもので、お女中さんや男衆（おとこし）さんらは、くず米のユリゴ（ゆりこ）の米粉を糯米に加えていたものを

商人宅でつくられていた手軽なおやつ。麩に醤油を塗って焼く

食べていたと伝え聞いています。かきもちの乾燥の仕方にも違いがあって、百パーセントの方は四角く切ったかきもちを藁《わら》で編むように吊るして風をあてないように干しました。一方は、廊下などに敷いたむしろの上にかきもちを並べて、自然乾燥させていたようです」

てんびんおかきは、糯米と粳米《うるちまい》を混合してつくる。いわば使用人仕立てのかきもちを伝承しているといえよう。餅に混ぜる具は、手摘《つ》みの蓬《よもぎ》や、手づくりの梅干しなど。身近に手にはいる材料でありながら、もっとも貴重になってしまった食材。てんびんおかきは、手間をかけることをいとわない食材から誕生する、心のこもったお菓子である。

本宅ホームメイドのお菓子

五個荘の冨来郁《ふくいく》は、江戸末期に八日市で創業し、明治三十年に五個荘の地に移転した。移転当時の当座帳や大福帳が残

五個荘・冨来郁の銘菓「てんびん餅」

されていて、商家との取引が記録されている。たとえば、山中合名会社（山中利右衛門家）に「上白糖、三盆糖、中白糖、蓬莱《ほうらい》豆、せんべい」を、辻富（辻富右衛門家）には「洲浜《すはま》、ごぼう（ボーロの黒砂糖がけ）、蓬莱豆、三盆糖、メリケン粉」が納められている。お菓子以外に砂糖類の注文が多いのは、もちろん料理にも使用されたのだろうが、日々のお菓子は自家製のものが多かったとも推測される。

前述の『姑の餞別』には、三十近いお菓子の製法が記されている。餅類や団子類のお菓子が多く、なかには『丁稚羊羹』『煉《ねり》羊羹』『夜の梅』の三種の羊羹が列記されている。丁稚羊羹は黒砂糖風味であり、煉羊羹は寒天を「葛《くず》にかへて蒸すもよし」とし、夜の梅にちらす粒餡は「中程に水飴を少し入れれば潰れず」とあり、高い製菓技術がうかがえる。

近江八幡の江戸時代の大商人・西川利右衛門家文書の『心覚集』にも製菓の記述がある。寛政十二年（一八〇〇）の記録には羊羹や外郎餅の製菓法のほかにカステラの記述があっ

近江商人の里では、商人宅との取引を記した菓子屋の帳面を残す

て興味深い。
カステラは元亀《げんき》・天正《てんしょう》年間（一五七〇～九一）ごろに長崎にもたらされた南蛮菓子だ。卵を使うことのきわめて少なかった日本のお菓子の世界で、カステラは特別の存在として発展した。心覚集では「加寿寺仕要」の字をあてて、カステラのレシピを記している。材料は白砂糖を九十目、うどんの粉九十目、卵十個である。作り方として、上下にまんべんなく火加減し、上火を少々強くすること。焼き時間は約三十分で、焼き上がったら、細い棒をさして中まで火が通っているかどうか確かめるようにとの親切な解説がつく。今日のカステラの製法とほぼ同じであるが、当時も卵を泡立てたのであろうか。調理器具は鉄製の蓋《ふた》つきの平鍋を使ったと思われる。蓋の上に炭を載せることで上下から焼成できるオーブンのようなものだったのだろう。

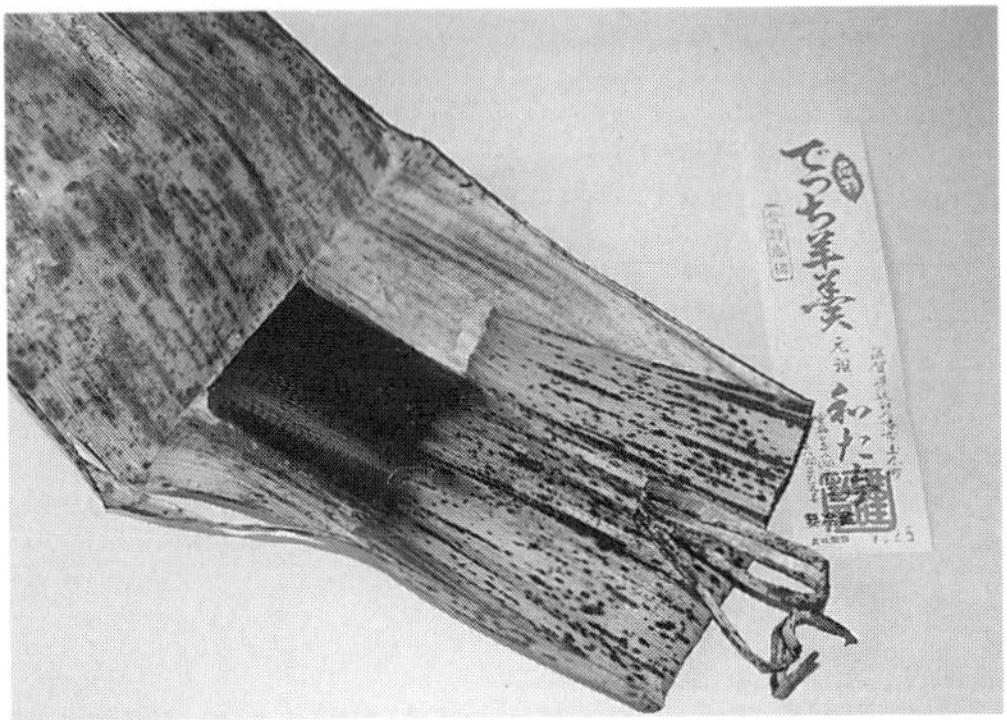

近江八幡の名物となった「でっち羊羹」和た与製

茶会に都の菓子文化を

近江商人の食の基本は質素倹約である一方、行事などのハレの日の食文化を大切にし、贅《ぜい》をこらしもしている。冠婚葬祭のお菓子は、地元の菓子屋の腕のふるいどころであっただろう。

近江商人は教養として茶の湯をたしなんでいるが、さて茶会においてはどのようなお菓子を選んでいたのか。

江戸時代の近江八幡の呉服商・森五良兵衛家の古文書のなかに『逢茶來茶』と表書きした茶会記がある。

安永元年（一七七二）から明治中期に及ぶ記述によると、八幡商人の多くが茶道速水《はやみ》流社中として宗匠《そうしょう》（茶道の家元）に仕えていたらしい。

茶会の菓子としては『羊甘』『煉白羊かん』『ツマミ羊甘』『葭《よし》羊甘』の菓子名で羊羹がよく使われていて、文化十四年（一八一七）十一月十六日の正午の茶会では『くわし　虎ヤ

本家・清治屋の「でっち洋かん」

ようかん』とある。虎ヤとは禁裏《きんり》御用をつとめる京都の虎屋をさしている。また、文化十五年正月十四日の正午の茶会では「御菓子　禁裏御節曾之帰ニ頂かちん」「惣くわし　宗旦松葉」とある。「禁裏御節曾之帰ニ頂かちん」とは禁裏の節会に出向き、帰りにいただいた餅のこと。『宗旦松葉』とは千家三代家元・宗旦《そうたん》にちなんだ干菓子だろうか。

文化十四、十五年の菓子をみてもわかるように、近江商人は茶道を通して、京都の菓子文化を取り入れていたと思われる。

今、近江商人のお菓子は

近江商人の扱う商品の中に、お菓子が見当たらなかったのは残念だ。当時のお菓子は生活必需品でありながら、日持ちの面からも自給自足を主とする食べ物であり、流通経済にのりにくかったのだろうか。また、お菓子の発達しているお隣

紙平老舗の「でっち羊羹」

の京都の存在も影響したのかもしれない。

　明治五年（一八七二）創業の近江八幡のお菓子屋たねやの経営理念に「天平道（てんびんどう）」「黄熟行（あきない）」「商魂（しょうこん）」の文字を目にしたとき、近江商人の精神が今もなお生かされていると感じた。たねやの主商品である『ふくみ天平《てんびん》』は、五個荘の冨来郁の銘菓『てんびん餅』とともに、近江商人ゆかりのお菓子として秀品である。

　近江商人にちなむお菓子といえば、やはりでっち羊羹であろう。でっち羊羹の主材料は小豆の漉《こし》餡と砂糖、小麦粉である。材料をこね合わせ、竹の皮に包んで蒸籠《せいろ》で蒸し上げる。菓子屋の立場から察すると、でっち羊羹の語源は、こね合わせることを「でっちる」という業界用語からきているのかもしれない。

　近江八幡で江戸時代に創業した、三軒の和菓子屋のでっち羊羹を味わった。和た与《わよ》のでっち羊羹は、使用する水の清らかさと僅かな天塩の塩梅による味わいを、竹の皮の鄙《ひな》びた香

近江八幡のカネ長の「長五郎煎餅」

りと調和させ、みずみずしく仕上げている。清治屋《せいじ》のでっち羊羹は、小豆の風味に富んでいる。漉餡に小豆の原型をしのばせ、薄手に整えた姿が美しい。紙平老舗では、葛粉や寒天を加えている。蒸し羊羹独特の粘りだけでなく、すっきりとした口どけのよさが特徴だ。

近江商人の本宅で、あるいは子供を丁稚奉公に出した農家で作られてきたでっち羊羹は、一流の商品に高められた。一方ではプロの手で長い時間をかけて、一流の商品に高められた。でっち羊羹というお菓子にとって大切なのは、洗練に走るのではなく、でっち羊羹本来の素朴さを崩さないことと、値段を抑えること。でっち羊羹一本の価格は、上生菓子ひとつとほぼ同じである。薄利―これもまた、近江商人の商法のひとつであった。

第二章

湖国の景色菓子

近江八景のひとつ「唐崎夜雨」で知られる唐崎神社の松

美観かな近江八景菓子巡り

近江八景から近江八景菓子へ

堅田落雁《かたたのらくがん》、矢橋帰帆《やばせのきはん》、粟津晴嵐《あわづのせいらん》、比良暮雪《ひらのぼせつ》、石山秋月《いしやまのしゅうげつ》、唐崎夜雨《からさきのやう》、三井晩鐘《みいのばんしょう》、瀬田夕照《せたのせきしょう》――今日にいたるまで伝承されてきた〝近江八景〟が、いつごろ誰によって定められたのかは詳らかではないらしい。一般的には、江戸初期の〝寛永の三筆〟のひとり近衛信尹《このえのぶただ》が選定した、ということになっている。

近江八景には下敷きがある。中国の洞庭《どうてい》湖の八つの景勝地を選んだ〝瀟湘八景《しょうしょうはっけい》〟がそれで、近江以外にも瀟湘八景にならった例は全国にけっこうあるようだ。しかしながら、雄

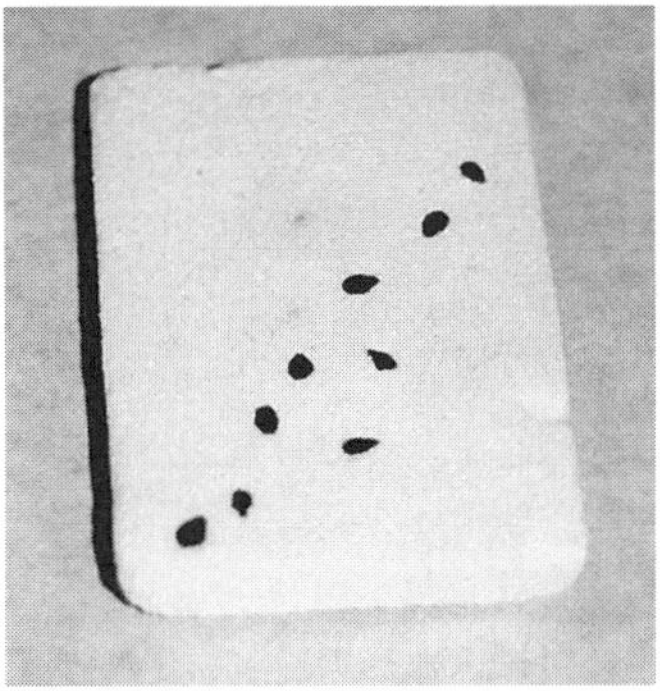

落雁の元祖か。白地に黒胡麻の落雁。
藤屋内匠による再現

大な湖と千メートル級の山々に囲まれた近江は、そのスケールからいっても日本の名所八景の代表であるのはいうまでもない。

近江八景をテーマにした絵画はそれはそれは数多く、蒔絵《まきえ》や染織などの工芸の分野、文学の世界でも題材にされてきた。そこで「ひょっとして…」と期待がふくらんだ。風景を写したり、名所にちなんだりするのが得意な和菓子である。近江八景ゆかりの和菓子があってしかるべきであろう。

〝近江八景菓子〟なるお菓子のジャンルを造語した私は、悠々と近江八景菓子めぐりに出かけたのである。

まずは落雁の景色ありて

近江八景と和菓子との関係は、実は相当に深いのだ。干菓子の落雁《らくがん》が〝落雁〟と呼ばれるようになったのには、堅田落雁の風景が関わっている。江戸中期の国学者・山岡俊明の編

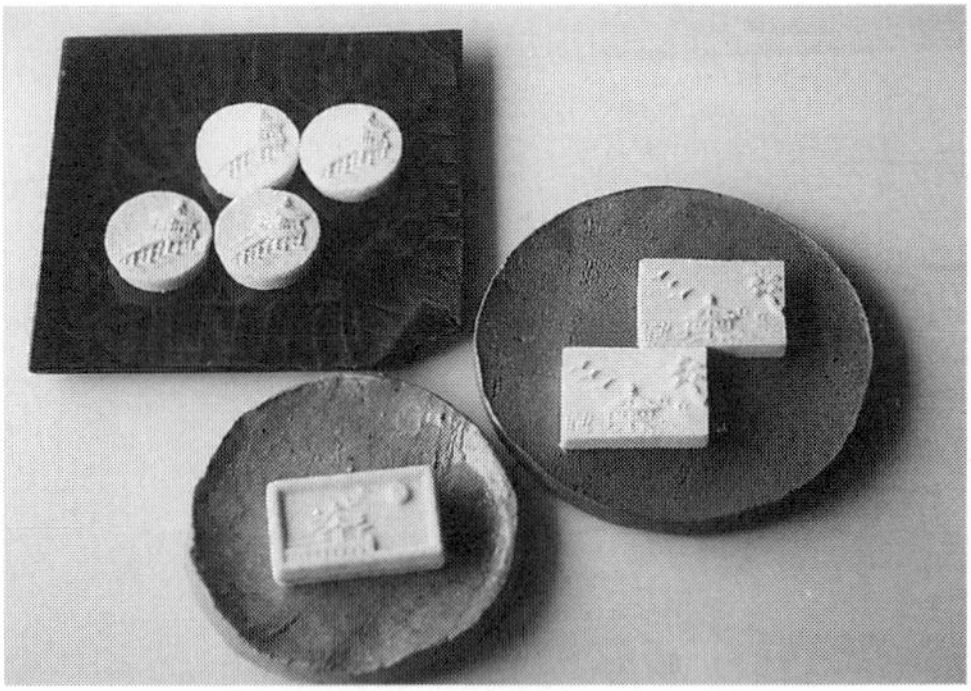

（左）嶋屋の「麦らくがん」（右）満月寺の「堅田らくがん」
（上）金時堂の「らくがん」

んだ宝暦三年から安永八年（一七五三〜一七七九）の『類聚《るいじゅ》名物考《めいぶつこう》』のなかに「今らくかんと云う菓子有り。もと近江八景の平沙《へいさ》の落雁より出し名なり。白き砕米に黒胡麻を村々とかけ入れたり。そのさま雁ににたれば也」とある。

つまり白い米の生地に黒胡麻をむらむらとかけ入れたお菓子の姿が、平沙落雁や堅田落雁の景色に似ていたところから、このお菓子を落雁と名付けたらしい。しかし、事の詳細は諸説紛々で、落雁の名付け親だけでも後陽成《ごようぜい》天皇、後水尾天皇、綽如上人《たくにょしょうにん》、蓮如《れんにょ》上人の名前が上がっている。また、もとは唐菓子の〝粉熟《ふずく》〟の系統とも、中国の食物の〝軟落甘《なんらくかん》〟という言葉が落雁の語源だともされている。

いずれにしても、ご当地の大津市堅田には堅田落雁の絵柄をもつ落雁をつくるお店が多い。堅田落雁は、浮御堂《うきみどう》あたりに秋口から冬にかけて渡ってきた雁《がん》が、夕暮れどきの湖面に舞い降りようとしている風景をさすのが一般的だ。浮御堂のある満月寺でも落雁の『堅田らくがん』が売られている。白

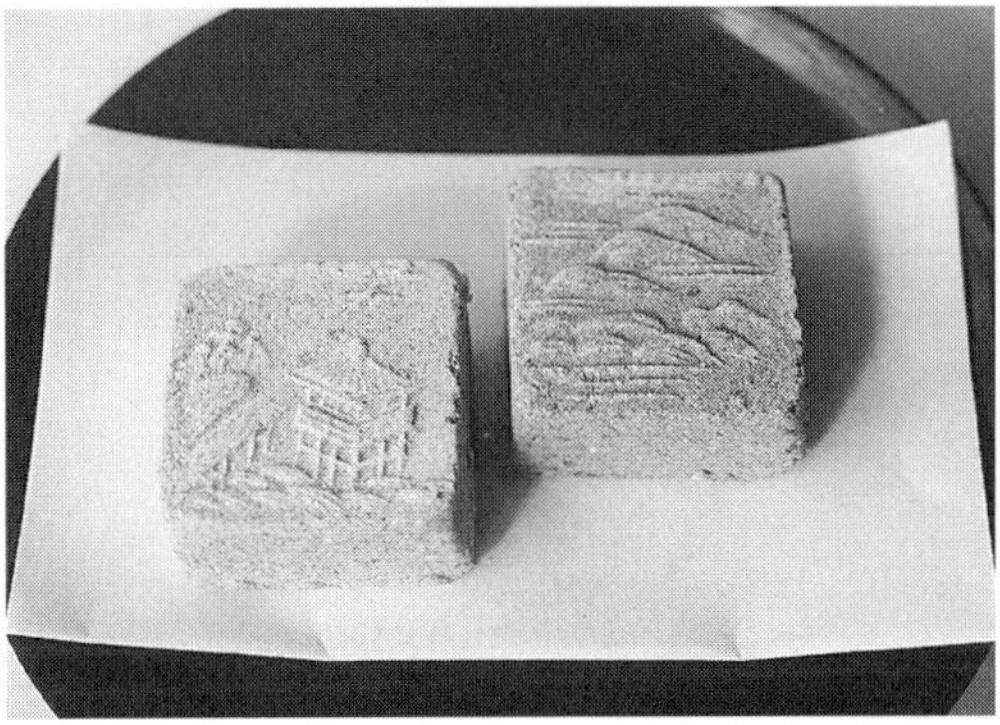

鶴屋博道の麦落雁「堅田落雁」から比良暮雪と堅田落雁

と淡い小豆色の二種で、白色は栗の粉、小豆色の方はさらし餡いり。久保菓舗製とある。

堅田にちなんだお菓子を創作し続ける金時堂《きんときどう》は、はったい粉（麦粉）の落雁のなかに餡をいれた『らくがん』をつくる。また雁の姿はないが、浮御堂を浮彫りにした一口サイズの落雁『らくがん』は肉桂《にっき》、胡麻《ごま》、抹茶《まっちゃ》などの風味をもち、洗練された打菓子に仕上げられている。

鶴屋博道の『堅田落雁』は粒餡入りの麦落雁である。八景のすべてを揃えた枠つき型の木型で押す。木型は昭和初年の創業当時に彫られたものということだが、図柄や彫りにさらに時代をくだった味わいが残っている。

堅田に店を出して十六年という嶋屋も、堅田土産にと『麦らくがん』を売り出した。平面的な堅田落雁のデザインが初々しい。主原料の上白糖をすりつぶして粒子を細かくするなどの手間を怠《おこた》らず、麦落雁といっても滑らかな舌触りだ。

光風堂の焼き饅頭「三井の晩鐘」

地元の銘菓としての近江八景菓子

比良山脈を仰ぐ志賀町の大玉製菓の銘菓は、比良暮雪をイメージした『比良の峰』。峰を表すために、饅頭の皮をあえてゴツゴツと焼き上げ、上から粉糖を雪のようにたっぷりと降らしている。

『比良の暮雪』と『三井の晩鐘』をつくるのは大津の中町通りの商店街にある光風堂だ。比良の暮雪は、薄く焼いた生地を四つ折りにして、漉餡を包んだ姿が山の景になっている。さらに、すり蜜をかけることで雪を積もらせる。三井の晩鐘は鐘そのものの姿をした焼き菓子。饅頭皮の感触や焼き色が鐘の風合いをしのばせる。

石山寺の門前にある茶丈藤村《さじょうとうそん》は〝湖南近江八景菓〟を創作した。『石山の秋月』はいわゆる三笠《みかさ》の焼き菓子なのだが、皮の上の方を丸くくり抜き、別に焼いた卵色の生地を埋め込み、月に見立てている。月にかかるむら雲の焼き色、すすき

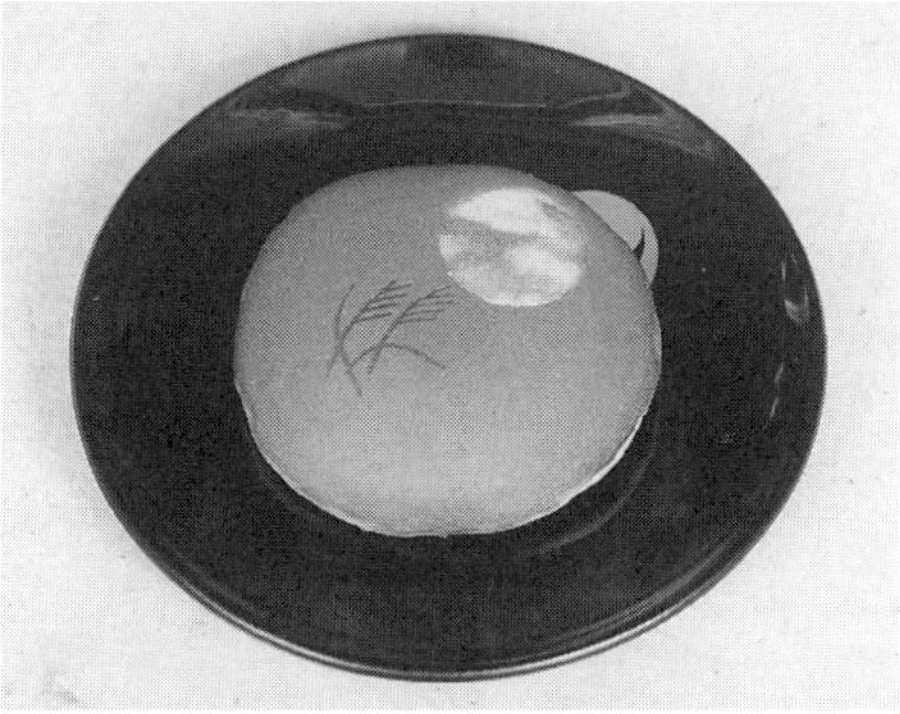
茶丈藤村の三笠「石山の秋月」

の焼き印をいれるという凝りよう。抹茶煎餅の『粟津の晴嵐』と黒糖の琥珀羹《こはく》『瀬田の夕照』も景色のあるお菓子だ。創業してあまり年月のたたない新しい店であるが、石山寺の門前菓子の創作に独自の発想をもっている。

粟津の亀屋廣房の『ふやき近江八景』は、風光をしのばせる美しい麸焼《ふやき》煎餅だ。粟津晴嵐には、白焼きと味噌風味の二種の煎餅のおもてに、小さく焼き印が押してある。焼き印の近江八景は俳画のように略筆で、稚拙であって暖かみがある。少々の物足りなさを感じながら、煎餅を手にして、はっとする。裏に緑青色のすり蜜がさざ波のようにかかっている。晴天の日の湖水、霞《かすみ》、風をさりげなく感じさせてくれる趣向である。

近江八景糖にみる近江八景の美

大津の中心部にある藤屋内匠製の干菓子『近江八景糖』を

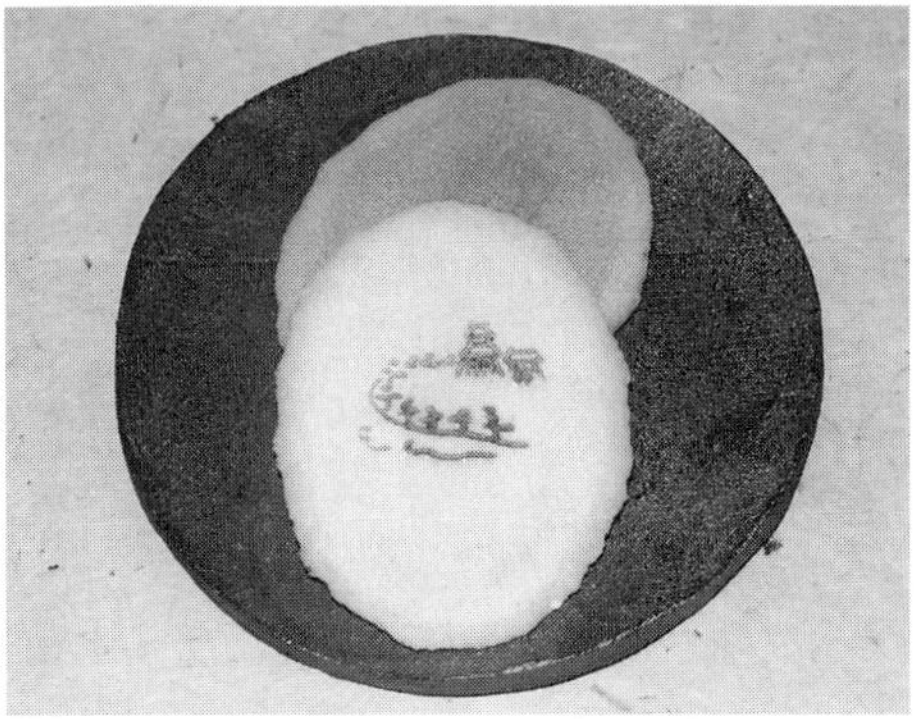
亀屋廣房の「ふやき近江八景」から粟津晴嵐（69ページ）

はじめて見たときは、少なからず衝撃を受けた。

　四センチ四方の薄い落雁のおもてには、風雅な景色が浮かび上がり、大半は余白として何も描かれてはいない。とくに比良暮雪は、わずかに二峰を表しただけの簡素さ。しかしながらその山肌は、かすかに盛り上がって、うねる。雪なのだ。たっぷりと積もった雪が、すべての物象をまろやかに包み込んでいる。また矢橋帰帆は、一艘の帆掛け船が浮かぶばかりの眺めで、船が波間を穏やかに進んでいく近景に徹している。近江八景糖の描き出す近江八景は、寡黙《かもく》な連想の世界だ。

　色は淡いぞうげ色一色で、彫塑《ちょうそ》の陰影だけが、ほのかな色彩をかもしだす。石山秋月は月光に照らし出された夜空がほの明るく、山際は輝いているが、山腹は漆黒《しっこく》の影を落としている。瀬田夕照は、手前の青海波《せいがいは》と奥のさざ波からリズムが生まれ、きらめきながら夕映える。

　近江八景糖の景色は、水墨画の感性によって生まれたともいえる。が、何よりも落雁の彫刻としての視覚的な効果を知

藤屋内匠の「近江八景糖」。空白の美が絶妙

り尽くした菓子型の木型師と、菓子職人によって創り出された お菓子独自の世界だ。

藤屋内匠の創業は寛文元年（一六六一）。明和年間（一七六四～七二）から明治時代までの落雁の木型だけでも四百丁を所蔵（貴重なものは大津市歴史博物館に収蔵）し、近江八景を彫った木型も多い。近江八景糖の型は幕末の安政末期のものと推測され、現在使用されているのは、その写しである。

しばし近江八景糖に見とれていた私だが、落雁はお菓子である。「きれいすぎて食べるのがもったいない」というのでは不本意だ。

近江八景糖を一口大にさっくりと割る。口に含むと懐かしい糯米の香りがよぎり、深い甘みが広がる。舌のうえで上品にとろける口溶けのよさは、和三盆糖、寒梅粉、葛粉の材料の質の高さと、和三盆糖に含ませる水分の量の加減、型押しの手技、乾燥のタイミングの結果である。

三百四十年の歴史をもつ老舗が、百五十年前の木型でつく

近江八景の木型。絵画性の高い名作である。大幹堂所蔵

る落雁に酔いながらも、私は現代の近江八景菓子の甘美な名菓をも夢みる。「そういえば画家の下《か》保昭《ほあきら》の描く近江八景には琵琶湖大橋が描かれていたな」とわけもなく思い出した。

近江八景菓子を早足でめぐるだけでは、近江八景と和菓子の縁《えにし》を探ることはできない。近江八景に見合う季節と時間を選んで当地を訪れ、今度は近江八景菓子の深層に触れる旅をしよう。

伝承された素晴らしい木型を展示する菓子屋も多い。清湖堂の店頭にて

美の所産　菓子の木型物語

菓子の木型と木型師

和菓子屋を訪れると、店内の棚などに木型が飾ってあるのをよく見かける。木型は店の歴史をあらわすメッセージのひとつである。

滋賀の和菓子屋のなかでも、創業数十年以上を経たお店のほとんどが、お菓子の木型をもっている。所有する木型の数はかなりのもので「さあ、数えたことはありませんが、百丁は越えるでしょうな」と主人たちが平然と答えることもしばしば。

生菓子や干菓子をつくる上菓子屋にとって、木型はなくて

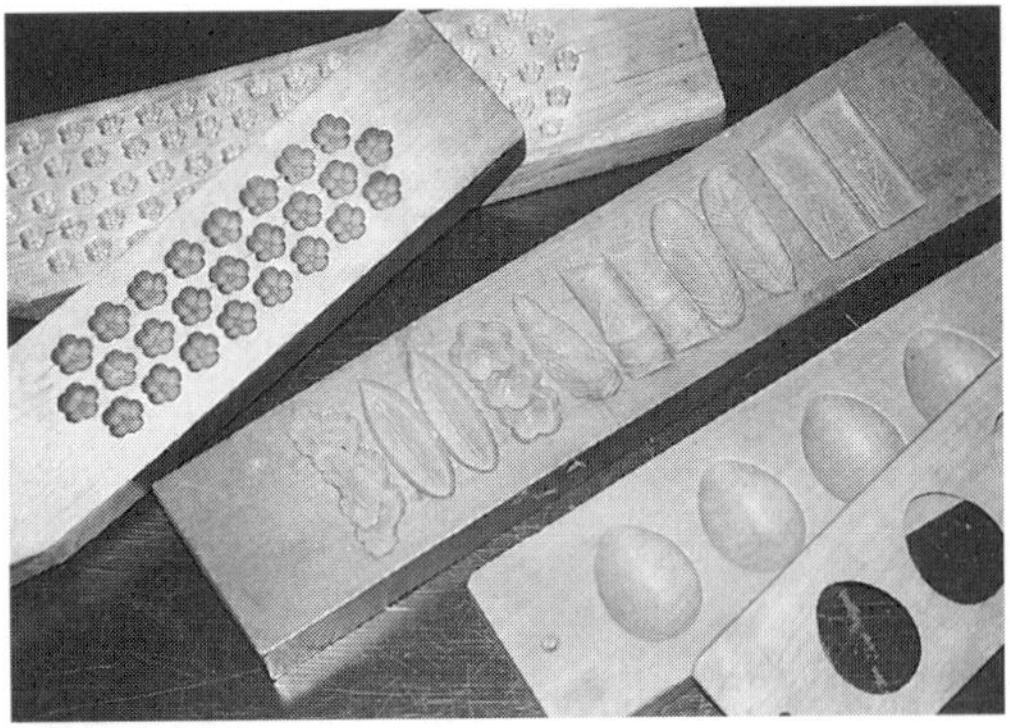

大幹堂の木型

はならない道具だ。お菓子の木型は大きく分けて二種類ある。ひとつは幅の狭い羽子板《はごいた》のような形をしたもので、表面には同形の型がいくつも彫ってあり、把手《とって》の部分がある。薄くて小さな干菓子を打つときに使われる木型だ。厚みがあったり大きかったりするお菓子は、上下にわかれた木型を使う。図柄の彫りのある下部の台と、厚みを補う上部の枠（下司《げし》）によって、生菓子のこなし（ねりきり）や干菓子の落雁《らくがん》などを押す。

木型のお菓子は、生地《きじ》を型に詰めることで形づくられる。木型はお菓子の意匠を決定する道具であり、同じ形のお菓子を大量につくる役目をはたしている。お菓子屋にとって生命線である木型だが、その多くがどうしたことか蔵や納屋で眠っている。和菓子もまた時代とともに変遷するが、木型という道具も木型のお菓子も、消えていくにはあまりにも惜しい食文化だと思う。

お菓子の木型は、専門の職人によってつくられる。木型の

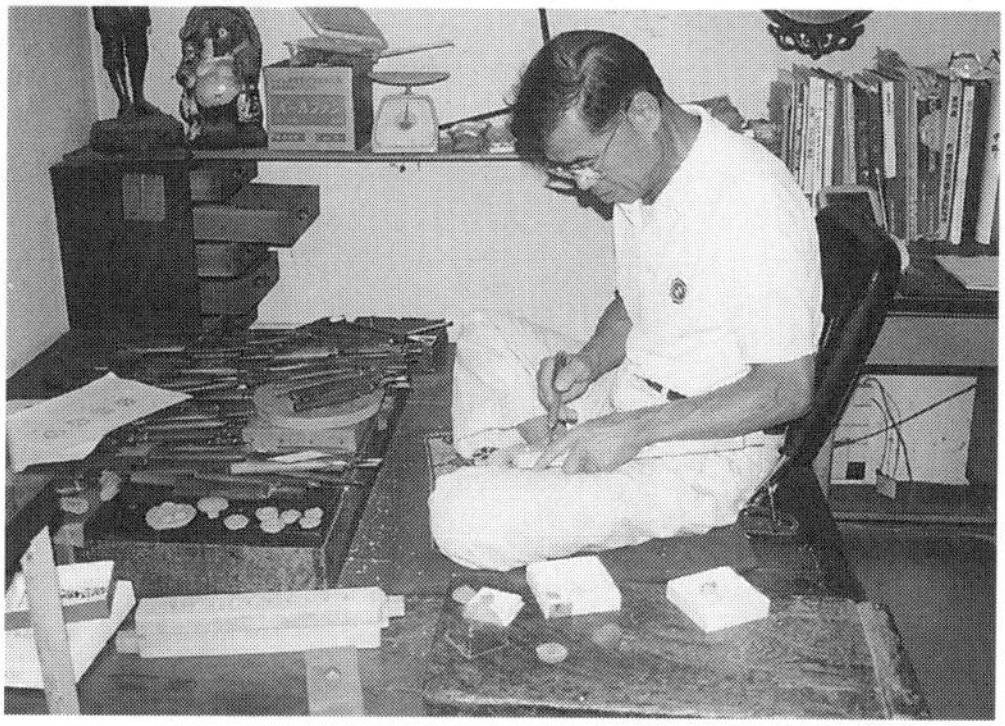

菓子の木型を彫る一刀軒の主人・三矢勇さん

お菓子の需要が減るのに平行して、木型の彫刻師も少なくなった。

湖南のお菓子屋では昔から、京都や大阪の木型を求めることが多かったようだ。湖南以外のお菓子屋の主人たちから「滋賀なら彦根や多賀、岐阜の大垣、三重の伊賀上野、姫路、四国の型屋さんが、木型を持って売りに来られていましたよ」と聞いた。今ではそのほとんどが廃業し、滋賀で残っているのは彦根の一刀軒《いっとうけん》だけ。店主の三矢勇《みつやいさむ》さんは製菓器具店を経営しながら、事務所のかたわらに作業場をつくって彫刻刀を持ち続けている。「父はもとは社寺の欄間《らんま》や唐獅子《からじし》を彫る仕事をしていました。このような仕事を表彫りというのに対して、木型は裏彫りといいます。お菓子の形とは反対の向きに彫っていくのですが、そのあたりの感覚は経験ですね。木型はお菓子が抜けるように彫る必要があり、表彫りがまっすぐ彫刻刀をいれるのに対して、裏彫りでは鈍角に角度をつけて彫っていくわけです。菓子型の材料は桜です。桜の木は均一

木型を使用して干菓子を打つ。藤屋内匠にて

に硬い。深い山奥で育った桜は、目がしっかりとつんでいます。以前、金沢のお菓子屋さんの老舗から、四十センチの大鯛の木型の注文がきました。一世一代の仕事にしようと思っていたのですが、肝心の材料の木がなくて…。木型にあう桜の木が激減しています」

祝賀菓子の姿が見えない

木型のお菓子が少なくなった一番の原因は、冠婚葬祭に和菓子が使われなくなったことだ。たとえば昔の婚礼の引き出物には三種組のお重を用いることが多かった。一の重には組魚（料理）を、二の重には赤飯、そして三の重はお菓子だった。このお菓子にお決まりのように使われたのが木型の菓子。三つ盛りが一般的で、天（上部）に松がくれば、下には竹と梅のお菓子を組んだりする。慶事には鶴亀、鯛、尉《じょう》とんば（尉と姥）などのめでたいものを、仏事には蓮、菊、仏手柑《ぶしゅかん》

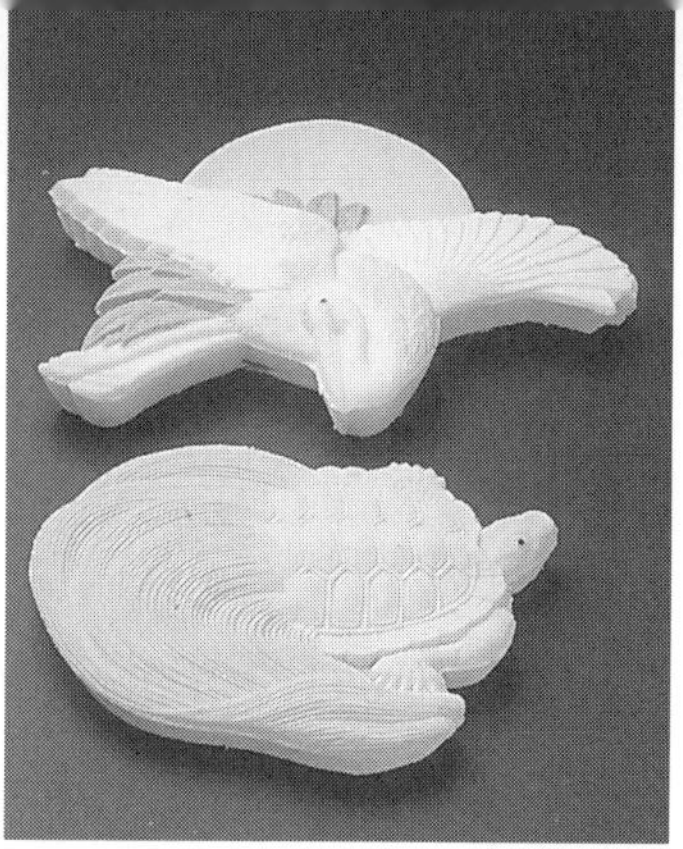
祝い事に用いられた「日の出鶴」「蓑亀」。菓子長製、木型は形孫。木型師と菓子職人の技の結晶だ

などの色目を控えたお菓子が詰め合わされた。

人々の生活のハレの日に、その時々の気持ちを儀礼化したお菓子の代表が、木型の菓子であった。「木型で押した祝儀菓子の注文は、三十年ぐらい前からどんどん減りました。今では年間に数えるぐらいしかつくりません」というのが、滋賀県内のお菓子屋の共通した状況のようだ。

「五、六年前、米寿の方のお祝いに使ったのが最後になりますか…。久しぶりに押してみましょう」と甲賀市甲南町の菓《か》子長《しちょう》の吉川和夫さんは『日の出鶴』と『蓑亀《みのがめ》』の木型を取り出した。出来上がった落雁の見事なこと。翼をひろげた鶴の幅は三十二センチ、亀は二十五センチで、厚みは五センチほどもある。旧甲賀郡は全国でも大きな木型のお菓子を用いる地域なのだそうだ。

「生地は上白糖と寒梅粉を配合したものです。まず色付けした生地を、絵を描くように木型の彫りにはめ込みます。ぼかしも入れますよ。次に白い生地を詰めて、練餡《ねりあん》をなかに入れ、

木型の菓子の全盛期を物語る菓子長の木型

今はなき形孫の木型の裏面。「近江国多賀形孫○」と彫られている

さらに白の生地を詰めて押します。この締めぐあいが難しい。包丁で切ったときに、紙のように薄く切れるようにつくり上げるのが菓子屋の技術です。技も味も大切ですが、落雁はまず見た目が勝負です」

鶴の胴体や亀の甲羅の大胆な盛り上がりと、鶴の羽や亀の蓑の細かなラインには、力強さと繊細さが同居する。きれいな落雁をつくるためには、良い木型がなければならない。菓子長の日の出鶴と蓑亀の木型は、明治期の形孫《かたまご》の作品である。

形孫とは多賀町にあった木型師の屋号であるが、残念ながら現在は途絶えている。甲賀市などの菓子屋数件で〝近江国多賀形孫〟〝近江国形孫〟と焼き印のはいった木型を確認したが、どれも優れた出来の木型であった。形孫は腕利きの名の知れた彫刻師だったに違いない。

石山寺に納められる供饌菓子「貼仏供」の一部。藤屋内匠製

木型の菓子の華、供饌菓子と御紋菓

平成十三年、大津の石山寺の観音堂を訪れたときのこと。三十三年に一度しか開帳されない本尊が、石山寺創建一二五〇年にあたるとして、特別に公開されていた。如意輪観世音《にょいりんかんぜおん》半跏《はんか》像の優しさを秘めた顔に思わず息を呑みながら、内陣に供えられた供饌《ぐせん》菓子にも思いをはせる。荘厳のための仏具と同様に供饌菓子も麗《うるわ》しい雰囲気をもつが、石山寺の供饌菓子の美しさはひとしおである。「この本尊にして、この供饌菓子があったのか」と納得させられた。

石山寺の供饌菓子は、『貼仏供《はりぶつく》』と呼ばれている。山形の金色の台に色とりどりの干菓子をちりばめた供物の形式。まるで宇宙に浮かぶ花束みたいに華麗だ。

この貼仏供を納め続けているのが、大津の藤屋内匠。貼仏供がいつの時代から、どのような仕様で始められたのかわからない。仕様されている木型が文化、文政時代（一八〇四～

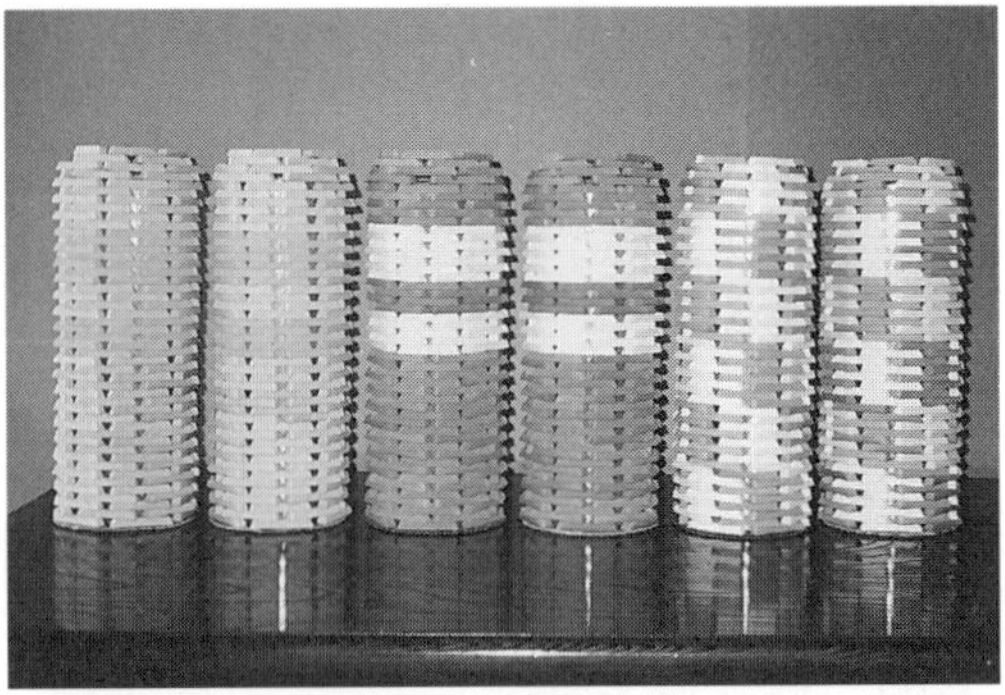

西本願寺派の寺院の供饌菓子「御華束」（写真提供／大幹堂）。大幹堂製

三〇）の作であることから、二百年近くの歴史をもつことだけは確かなようだ。

貼仏供の中心をなす干菓子の木型は三種。菊と牡丹《ぼたん》、麒麟《きりん》の文様をもつ木型で、淡いピンク地にカメオのブローチのごとく文様が浮かびあがるように押される。貼仏供は正月と盆あたりに新調される。正月には松竹梅、水仙、鶴など、盆には楓《かえで》、水紋、撫子《なでしこ》など、それぞれの季節の木型を使った干菓子が、主となる干菓子とともに台に貼られていく。

西本願寺派の寺の供饌菓子である御華束《おけそく》も実に美しい。能登川町の大幹堂《だいかんどう》では、西本願寺の末寺の御華束を調製している。算木や升、菊などの木型で干菓子をたくさん打ち、積み上げたり、貼ったりして盛り物に仕上げる。「デザインに約束事があるわけではなく、配色や盛り方に変化をつけて、さまざまなバリエーションを工夫しています」と主人の小林研一さん。この世でもっとも優美なものを仏前に供えたいというのが御華束の心である。

延暦寺の御紋菓「菊輪宝」。廣栄堂寿延製

木型は先代から引き継いだ明治時代の作。寺のほの暗い明かりのなかで映えるようにと、御華束には原色に近い色使いをしているという。

貼仏供にしても御華束にしても、供物は華やかさと日持ちのよさ、量が求められる。その点、木型の落雁はもっとも供物に適したお菓子である。仏前に供えられた供物は、お下がりとして信者や参拝者に与えられる。その代表が御紋菓《ごもんか》だ。

坂本の廣栄堂寿延《こうえいどうじゅえん》は、延暦寺御用達の店の流れを継いで創業した。延暦寺をはじめ多くの末寺の御紋菓を手がけている。御紋菓とは社寺の紋を落雁にした供物で、廣栄堂寿延では御紋菓用の木型を中心に二百丁あまりの木型をもつ。

延暦寺の紋は菊輪宝《きくりんぽう》で、延暦寺ほどの大寺院になると御紋菓にもいろいろな大きさがある。菊輪宝の場合、一番大きいもので直径十二センチに厚みが四センチ。手に取るとズシリと重い。色は白と薄紅の組み合わせ。主人の藤原眞夫《まさお》さんは「以前の御紋菓は寒梅粉を使った落雁でしたが、今は本葛の葛

廣栄堂寿延の作業場の木型の数々

湯にしています。皆さんの好みも変わってきました」と話す。

御紋菓の注文の多い廣栄堂寿延ではあるが、一般的には御紋菓の使用は急速に減っている。冠婚葬祭のお菓子と同様に、昭和三十年代を境にして社寺のお菓子の需要が落ちた。

近江にちなむ木型のお菓子

今、木型のお菓子の主流は、進物用やお茶受けの干菓子に移行しつつある。近江にちなむ干菓子の銘菓も誕生している。石山寺の源氏の間の窓を表現した『源氏窓』は、膳所の亀屋廣房の和三盆製の干菓子。長らく石山寺の接待の茶菓子だったそうだ。長浜にも地元ゆかりの干菓子は多く、城下町時代をしのばせる藤本屋の『十八万石』、十二基の曳山《ひきやま》のまねきの扇子がデザインされた柏《かしわ》屋老舗の和三盆製『ひき山』などは、名菓のほんの一例だ。

江戸時代からの伝統「大津画落雁」。藤屋内匠製

忘れてならないのが堅田の落雁の数々。木型でつくるお菓子の筆頭である落雁は、近江八景のひとつ〝堅田落雁〟に由来するというほどに、滋賀と落雁の縁は深い（65ページ参照）。大津絵をお菓子にたくしたのは、藤屋内匠の『大津画落雁』。安政期（一八五四～六〇）の木型の写しで打つ和三盆製の落雁である。大津絵の木型には、明治初期のものもあって、こちらは安政の木型よりも大ぶり。天保の大飢饉《だいききん》のあとの天保《てんぽう》十二年（一八四一）天保の改革により、安政期は木型が小さくなった時代だったと推測されている。

木型はその形態の特徴、彫りの意匠の個性から、制作された時代を宿す。時を経て飴色に艶を出した木型は、木型師と菓子職人の手技の所産だ。そんな近江の木型をめぐりながら、その数の多さに私はただただ圧倒されるばかりだった。

「第二次世界大戦の末期に、木型の供出を迫られました。燃料にするためです。しかしこの木型だけは、先祖の形見として離せませんでした」「後継者がなく店を閉じました。それ

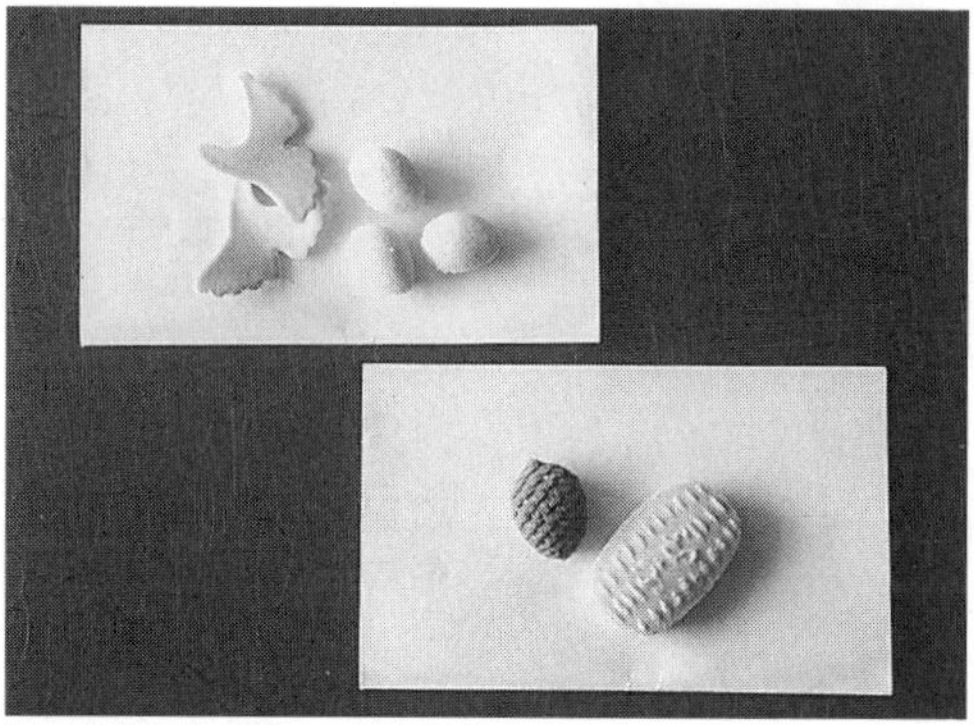

秋の茶会の干菓子。大幹堂製

でも、いまだ木型だけは捨てられないでいます」「無用の長物になった大きな木型を見るたびに思うんです。お重に詰められたあの落雁は、本当にもう忘れ去られるのでしょうか」

お菓子屋の主人たちの言葉が、埃《ほこり》をかぶった木型にそっと重なり合った。

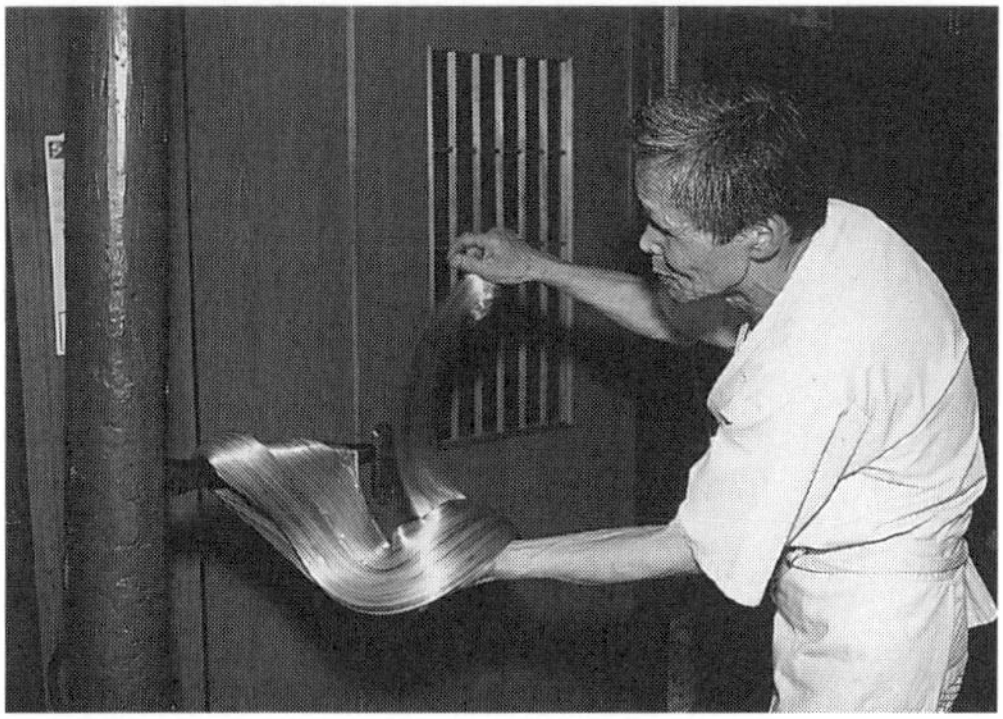

下村製菓所の主人・下村善三郎さん。飴に空気を含ませる作業

きらめきの甘露　飴職人の業

昔懐かしい飴は、今

和菓子、とりわけ駄菓子の世界が大きく変化したのは、昭和四十年代からだろうか。日常的に食べるお菓子の主流が、大手製菓会社によって大量生産されるようになった時代の到来。それまでのお茶受けのお菓子は、小さな製菓所において菓子職人の手でつくられたものがほとんどだった。

たしかに、滋賀県内を見わたしても、煎餅やあられ、かりんとうなどの駄菓子を手づくりし、卸《おろし》と小売を兼ねていた店が、いつの間にか姿を消している。駄菓子への郷愁を、色彩のもっとも美しいお菓子〝飴《あめ》〟に求めて、飴職人の方々と出会った。

下村製菓所のさまざまな手づくり飴

大津市中央、民家の連なる細い通りに、下村製菓所の店構えを見かけた人は、懐かしさに安堵《あんど》するかもしれない。下村製菓所の創業は明治二十八年。店も作業場もほぼ創業当時の建物のままである。棚にならぶガラス瓶《びん》には、十数種を数える飴がキラキラと光っている。一粒十円で売られているのがほほえましくて嬉しい。

甘い香りが漂っている店内には、下村善三郎さんと睦恵《むつえ》さん夫妻の飴をつくる姿がある。砂糖と水飴を煮つめ、水をはった桶《おけ》で飴を冷まし、両手に持った四本の練り棒をたくみに操ったり、柱の駒《こま》に飴をかけて飴を練るなどして、檜《ひのき》の台で成形。温度と湿気を肌で感じ、手先が覚え込んだ作業には、迷いも淀みもない。「いいえ、猿も木から落ちますよ。作業がスムーズにいかないと感じたときは、飴の出来もだめです」と下村さん。

東近江市東中野町の御代参街道沿いにある辻嘉でも、辻吉男さんと久江さんの夫妻が、明治時代からの家業を伝承して

辻嘉の主人夫妻・辻吉男さんと
久江さん。手前は飴の球断機

いる。

「戦前までは、飴などのお菓子をつくる店が、市内に十数軒あったと思います。このあたりだけでも五、六軒はありましたから」

身近な飴といえば〝茶玉〟があげられるが、この飴をつくる菓子職人も激減した。実はこの茶玉、熟練を要する大変に手間のかかる飴なのである。茶玉は三種類の生地から出来ている。ニッキ油を加えて攪拌《かくはん》した飴を芯《しん》にして、黒砂糖の飴で包み、さらに二人引きで白くした飴を合わせ、一つの塊の端から細く引き延ばして棒状に切り、球断機で丸める。辻嘉の茶玉は小ぶりで光沢があって上品。同じ茶玉といっても、店によって個性が出るところに手づくり飴の魅力がある。

飴づくりの腕ききと知られる辻嘉と下村製菓所だが、共通した悩みもある。それは後継者のめどがついていないことだ。実はこの二軒以外にも、数軒の飴屋に連絡をとったのだが、一応に「年寄りが細々とやっている仕事ですから」と表に出

辻嘉の飴いろいろ

ることを拒《こば》まれた。
一方でこんな例もある。大津市瀬田の福井商店は主に砂糖の卸を専門とする会社である。取引の関係で、同市の飴づくりの名人が高齢のため、仕事をやめると知った。社長の福井英治さんの息子の啓人さんは、名人に教えをこい、道具を引きとって、飴づくりを受け継いだ。琵琶湖の鮎《あゆ》やしじみの形をした飴の可憐さに「よくぞ残していただいた」とありがたかった。

伝統的な飴に古き言い伝え

『日本書紀』(七二〇年)に、神武《じんむ》天皇が飴をつくらせた話が記載されている。飴を「たがね」と読み、神武天皇が鋒刃《つわもの》、つまり武器の力をかりずに、天下平定のために飴をつくらせたと記されている。さて、県内でもっとも古い歴史をもち、今日まで連綿と製造販売されている飴といえば、余呉町坂口

伝説に彩られた菊水飴本舗の「菊水飴」

の菊水《きくすい》飴本舗の菊水飴であろう。

今から三百五十年あまり前、福井二代目城主の松平光通《みつみち》が参勤交代の途に腹痛をおこした。そこで旧北国街道に面していた飴屋の飴を食べたところ、腹痛がおさまった。以後この店は松平家の御用飴屋として仕えた。

菊水飴の名前がついたのは、元禄年間（一六八八～一七〇四）のこと。京都の醍醐《だいご》寺第八十三代座主《ざす》で三宝院門跡《さんぼういんもんぜき》の高《こう》賢《けん》が、この飴の風味を賞《め》で、菊のご紋の暖簾《のれん》とともに「きくすいのあめ」と詠った和歌を贈ったという。

「澱粉《でんぷん》に麦芽糖を加えたものを、箸に巻き取れる程度の固さになるまで煮つめます。砂糖や添加物は一切使用しません」と話す十五代当主の平野市朗さん。菊水飴の詳細な製法については、一子相伝を貫いている。

菊水飴には、こんな伝説もささやかれている。坂口の菅山《かんざん》寺は、菅原道真が学んだ地といわれている。道真はなんと、余呉湖に舞い降りた天女と、天女の羽衣を隠した桐畑大夫と

菊水飴本舗に伝わる江戸時代の古文書と文箱

のあいだに産まれた子供で、菊水飴をお乳がわりに飲んでいたのだと―。

各地の伝統的な飴にも、不思議な謂《いわ》れがつきものだ。甲賀市土山町南土山のかにが坂飴には、蟹退治の物語がある。(27ページ参照)

かにが坂飴は高岡孝さんとすす美さん夫妻が中心になって製造している飴なのだが、郷愁をそそるパッケージ以上に、その製法の古式には感動する。

薪《まき》のかまどに鉄鍋をかけて、糯米《もちごめ》の水飴を火力を強くして煮つめる。とろみ加減を何度も確かめて火からおろす。作業中に飴が固まらないように、藁灰《わらばい》をかけて調節した炭火に鍋をかけておく。表畳の上に飴を少しずつたらして、熱いうちに丸いへらで押さえる。飴は薄い円の形になり、裏がえすと下の畳の目がついている。飴が冷えたら、竹皮で包みこんで、荒い藁縄でしばる。

享保十九年(一七三四)刊行の『近江輿地志略』には、か

井上製菓舗の主人・井上豊吉さん。手前は「桶じょうせん」の桶の蓋と底板

にが坂飴らしき飴を地黄煎《じおうせん》とし「蟹坂の傍、幾野の人之を売る。之を蟹坂・なめ形・地黄煎といふ」とある。なめ形《かた》とは、表か裏かをあてる賭博《とばく》の銭のことだが、言いえて妙か。

庶民の飴、麦芽糖の米飴

近江輿地志略でかにが坂飴のことを「地黄煎」としているところに注目したい。地黄煎とは、主に糯米を蒸煮《むしに》し、麦芽によって糖化させた飴のことで、白砂糖が出まわるまでは、庶民が食べる飴のほとんどが地黄煎であった。地黄煎は大変に手間のかかる作業のため、今では、手づくりの飴屋でも、地黄煎のもととなる水飴を購入して、再加熱して米飴を製菓するのが一般的だ。

栗東市手原《てはら》の旧東海道沿いに住む里内藤太郎さんの家は、飴藤《あめとう》の屋号で祖父の代まで地黄煎を商っていた。「祖父が飴をつくっていた記憶がおぼろげながらあります」と里内さん。

今はなき寺庄製菓舗。
店構え

米飴・樽入り

「もち米の飴・
桶じょうせん」

里内さんの記憶に、推測を交えて地黄煎のつくり方をさぐってみよう。糯米を蒸して水分を補いドロドロにしたものに、麦芽を加え糖化させる。液体と粕《かす》に絞りわけ、甘い液体の方を釜で煮つめる。適度に冷めたら、飴を引きのばして棒状にし、鋏《はさみ》で小口に切って形づくる。

ところで滋賀県では、地黄煎のことを「じょうせん」と平仮名で書き、発音することが多い。年配者では、「桶《おけ》じょうせん」の名前に馴染みがあるかもしれない。

東近江市小脇町の井上製菓舗の初代井上豊吉さんは「昔は糯米から桶じょうせんをつくったものです」と思いおこす。

「煮つめた飴を、浅い桶の中に流して固めます。飴の表面を金槌《かなづち》でコンコンとたたくと、飴にひびがはいり、たやすく割れるのですが、この固さにするための火づめの加減が難しい。煮たっている飴を指でつまんでコロコロころがしながら粘《ねば》りの状態を判断するんです」

平成七年に発行された甲西町（現、湖南市）下田《しもだ》の史誌

地黄煎を昔のままに製菓する
高岡孝の「かにが坂飴」

『しもだ六百年』には「滋養饌《じおうせん》」の文字が見える。地黄煎、じょうせんと同じ類のものだろう。明治のころの下田村の特産品のひとつに滋養饌があり、谷治郎平《やじろべい》などの飴屋が安政三年（一八五六）ごろからつくり始めていたらしい。『下田飴』として売出され、後に『滋養饌』と名前を変えたという。煮つめた飴をそのまま固めたものを『赤じょうせん』、飴を空気にさらしながら練り上げたものを『白じょうせん』と呼んでいた。滋養饌を流し入れる器には桶以外に〝じょうせん箱〟があった。昭和三十年まで、下田ではじょうせん箱のない家はほとんどなかったという。主に五月から七月の間につくられ、田植えや茶摘みのあい間に口に含み、疲れを癒《いや》した。

高級な飴と細工飴

地黄煎が庶民派の飴ならば、求肥《ぎゅうひ》飴と有平《ありへい》糖は上等な飴菓子の双璧であろう。

求肥飴の名品いと重の「益壽糖」

求肥飴は、江戸時代の初頭にすでに上菓子としてもてはやされていた。県内で知る人ぞ知る求肥飴の名品といえば、彦根のいと重が調製する『益壽糖』（47・194ページ参照）である。

江州産の糯米の粉に砂糖や和三盆糖、水飴などを加えてこね合わせて、火にかけ一時間あまり練り上げる。型に流し入れて冷まし、短冊形に切って、和三盆糖をまぶす。古くから飴と分類されるが、食感は餅といえようか。

いと重は井伊家の御用商人であり、江戸末期には井伊家が諸家への贈答品として、益壽糖を多用していた記録もある。高級菓子として知られていたのだろう。

益壽糖の名前の由来は、東本願寺の高僧の命名とも、初代の妻益女の名にちなんだともいわれている。一般的には、求肥飴に生薬類を加えたものを『益寿糖』『養命糖』などと呼んでいた歴史がある。

一方の有平糖は室町時代に伝えられた南蛮菓子の一種で、ポルトガル語のアルフェロア（砂糖菓子）を日本名にしたも

中村製菓所の主人・中村又男さん。
子供たちに人気のあめ細工

ので、もとは砂糖だけでつくられていたと推測されるが、現在では少量の水飴を加えている。主に茶会の干菓子として供することが多く、県内で有平糖をつくる菓子屋はきわめて少ない。

辻嘉の主人は「うちでは砂糖九に対して水飴一の割合です。時間をおくと糖化して、口あたりがサクサクします」。辻嘉の有平糖は、小手鞠《こてまり》のようにかわいい。有平糖はさまざまに細工できる飴であり、菓子職人の腕の見せどころともされてきた。

有平糖の工芸菓子とは別に、飴売りの中に、飴細工の世界がある。中村製菓所の中村又男さんは、守山市の商店街でお菓子の卸と小売りを手がけていた。「ある日、子どもに飴をあげようとすると、いらない、と言われました。そこで飴に細工をすると、子どもたちが集まってきましてね。何もわからないまま、独学で飴細工をはじめました」

中村さんが手がける飴細工は、空気を入れてふくらませる

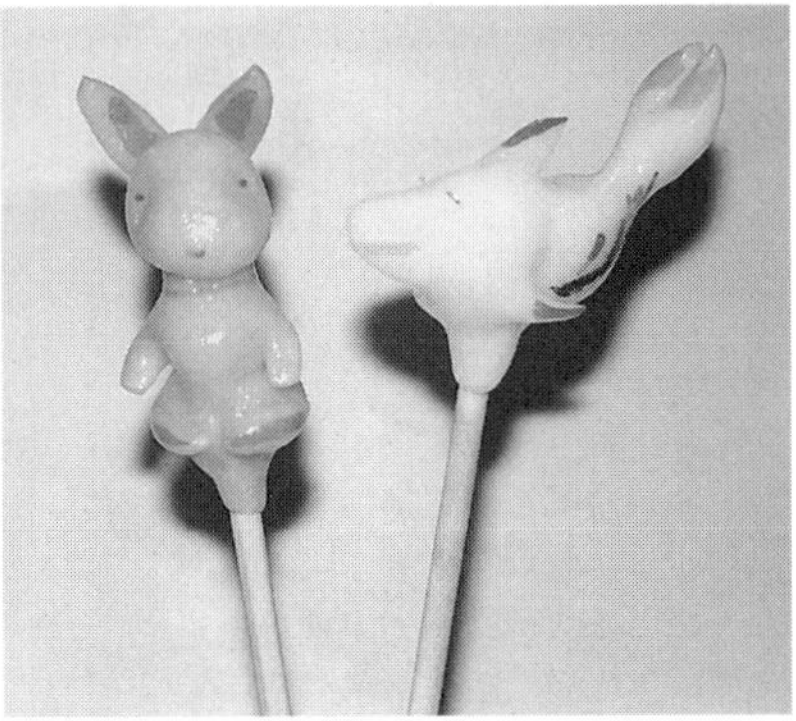

中村製菓所のあめ細工

吹き飴と、鋏をいれながら形づくる鋏もの。中村さんの指が器用に動くと、そこに飴の動物が生まれる。「子どもの喜ぶ顔をみるのが嬉しくて」

昔、砂糖は薬として扱われ、飴は滋養によい食品とされた。甘いものが貴重だったのは、遠い昔のことなのか。糖分の取りすぎは健康に悪いという。

こんな豊かな世の中で、飴職人は、砂糖や水飴の煮つめ具合をじっと見つめ、高温の飴生地に触れながら、ひとつひとつ飴をつくりつづけている。

第三章　祈りの心菓子

酒井神社と両社神社の“おこぼ神事”の「笠餅」と「帯餅」(103ページ)

餅文化の原点　近江の神饌

はじめて餅搗きをした神様

お菓子のはじまりには、神様の伝説がある。『日本書紀』（七二〇）によると、田道間守命《たじまもりのみこと》が垂仁《すいにん》天皇の病気を治すために、常世《とこよ》の国にわたり十年かかって不老不死の仙薬である『非時香菓《ときじくのかぐのみ》』を見つけ持ち帰った。しかし天皇はすでに亡くなっており、田道間守命は非時香菓を墓前に捧げて殉死したと記されている。この非時香菓は橘の実といわれ、これがお菓子の起源だという。田道間守命を祭神とする兵庫県豊岡市の中嶋神社は〝菓祖神社〟と呼ばれて崇められている。

一方、近江にはお餅の起源とも思われる神様がおいでにな

日野の“近江中山芋くらべ祭り”に用いられる餅（109ページ）

る。近江とお餅の親密な関係は驚くほど深く、「近江には風俗としての餅の原型がある」とも「近江の餅は日本の餅文化の縮図」ともいわれる。お菓子とお餅はまったく同じ食文化の歴史をたどっているわけではないが、お菓子の源流のひとつに餅文化があることは間違いない。そのようにとらえると、近江は和菓子の故郷であるといえる。

まずは、全国の菓子業者から厚い信仰を集めている志賀町小野《おの》の小野神社からおまいりしよう。

小野神社は、天足彦国押人命《あまたらひこくにおしひとのみこと》とともに米餅搗大使主命《たがねつきおおみのみこと》を祀っている。米餅搗大使主命とはその名のとおり、餅づくりの神様。応神《おうじん》天皇（二七〇〜三一〇）の時代にはじめて餅を搗いたところから、この姓を賜ったとされている。

小野神社の主な祭事となるのが、十一月二日の粢《しとぎ》祭り。一般に粢とは、糯米を蒸して搗いたものを細長い形にして、神前に供える餅をさしている。古くは米粉を水でこねて楕円形にしていたといわれるが、なんと小野神社の粢祭りは現在で

餅の宮のある大笹原神社に参る道“もちのみや通り”に杵と臼のモニュメントがある。

もいにしえのままに生の糯米を用いている。

　祭りの前日、餈は地域の長老の十二人衆（宮年寄り）によってつくられる。水に浸しておいた新穀の糯米を杵《きね》で搗いて餅状にし、束ねた藁で楕円形の形に包み込み、苞《つと》に整えたもの六十本を調製する。祭り当日の午前中、餈を神前に献じて古式にのっとった神事がとり行われる。そのあと十二本の餈を縄に吊るし、地域の三カ所に設けられた斎場に順々に掲げられ、五穀豊穣を祈るのである。

　餈以外には酒や蜂蜜、栗、菱《ひし》の実などが献じられるのだが「お菓子の材料そのものだ」と述べたお菓子屋がいた。お菓子屋にとって小野神社は、餅の始祖としてだけではなく、まさに菓子の祖神なのである。毎年十月二十日には全国菓子組合の小野神社奉賛会が参列して、祭りの本祭にむけての神事が催されている。本殿の前には約二百本の餈とともに、お菓子屋が献菓した和菓子が積まれていて、緑に包まれた境内に彩りを添えている。

大笹原神社の境内にある餅の宮

鏡餅の神様は近江におわします

お餅の始祖が小野神社なら、鏡餅の元祖といわれているのが、野洲市大篠原《おおしのはら》に鎮座する大笹原神社の境内社の篠原神社。伝承によると、石凝姥命《いしこりどめのみこと》が天下り、この地に米を蒔《ま》いて稲を育て、この米でお餅を搗いたところ鏡のようなお餅ができたという。このお餅を鏡餅の発祥とし、石凝姥命比売命《ひめのみこと》を祭神とする篠原神社は、古来より〝餅乃宮〟と呼び親しまれてきたのだった。

享保十九年（一七三四）『近江輿地志略』に「篠原餅　篠原に産する処餅米の性甚強く他産と大に異なり、藤原明衡『新猿楽記』に近江土産、餅としるせるは此事なり」とある。篠原の地は昔から良質の糯米の産地で、朝廷にも献上してきた。篠原の糯米で搗いたお餅は、街道の名物として諸国に知れ渡っていた歴史をもつのだが、篠原の地には神話と実話の重なり合ったロマンが漂う。

酒井神社と両社神社の“おこぼ神事”のオダイモク。当家にて

近江のお餅のロマンをもうひとつ。篠原とは鏡山の山づたいの竜王町鏡に、火鑽餅《ひぎりのもち》という名称が伝えられている。火鑽餅は鑽《き》り火《び》でとった火でつくったお餅をさしている。鏡の中心にある鏡神社の祭神は、この地に須恵器の製陶技術を伝えたという新羅の王子の天日鉾《あめのひぼこ》。韓国に引切餅《インジョルミ》という餅があるようだが、はたして火鑽餅と引切餅……国際的なつながりがあったのだろうか。

三つめのお餅の社は大津市田上《たなかみ》の毛知比《もちひ》神社。その名の示すとおりお餅ゆかりの神様である。天平宝字元年（七五七）に瀬田の建部《たけべ》大社の別宮として、日本武尊《やまとたけるのみこと》と保食神《うけもちのかみ》を祀られたことにはじまる。神社名は〝保食神の宮〟の転化とも、創建時に人々が餅を献上したことから〝もちひの宮〟と称されたともいわれる。〝もちひ〟とは餅の古称である。

餅の神饌が登場する主な神事は、一月九日の草木《そうもく》祭と十月九日の早穀祭。草木祭は「ダイヒョウ」とも呼ばれる。草木祭の神饌は、もとは各氏子《うじこ》の家で調製されてきた。円形に薄

酒井神社と両社神社の“おこぼ神事”のオダイモク。神社拝殿にて

く伸ばした延餅《のしもち》二枚をひと重ねにして、家の男子跡取りの人数分を奉納し、五穀豊穣と家内安全を祈願したのだ。現在は氏子から奉納された糯米で、神職によって直径約三十センチ、厚み五ミリ程度の延餅がつくられている。毛知比神社の延餅は古くから「はなびら」とも呼ばれているのだが、いわゆる笠餅あるいは花弁餅の一種になるのだろうか。「神様が餅を笠にして天下って来られた由来にちなむ」という毛知比神社の謂れを伺ったことがある。

湖南のオコナイに見る餅文化の深遠

大きな円形の笠餅は、神の霊魂の依代《よりしろ》だといわれる。大津市下坂本《しもさかもと》の酒井神社と両社神社で一月の第二日曜日（本来は八日）に行われるおこぼ神事には、笠餅と帯餅を主とした神饌〝オダイモク〟が供えられる。オダイモクとは、餅でつくった樽型の台に人形や立ち木を飾った合計六つの神饌を中心

老杉神社の“エトエト祭り”
の神饌を当家で調製する

としたもので、神々しい美しさは圧倒的だ。

もとは同一の境内にあったといわれる二社は、氏子によって同じ日に神饌がつくられ祭りの当日を迎える。神事の準備をする当番の家の当家《とうや》や集会所などに氏子の宮世話人らが集まり、糯米を蒸し、お餅を搗き、笠餅と帯餅に成形する。笠餅の直径は約五十センチ、帯餅は長さ約九十五センチ幅約十八センチ。型の土台となる籠《かご》や樽《たる》の胴に帯餅を巻いて縄で結び、上に笠餅をかぶせる。笠餅の上には松竹梅の枝木を突き立てて「ガッテンさん」と呼ばれるからくり人形や武者、尉と姥、相撲力士などの人形が飾られる。神が降臨する目印である木と、神霊の形代《かたしろ》である人形の基盤となる笠餅は、降神の宿る清浄の聖域だ。

　おこぼ神事の当日の早朝、オダイモクがそれぞれの神社の拝殿に三基ずつ飾られる。冬の柔らかな朝日に照らされ、お餅の白い肌が光と和む。日本の厳《おごそ》かな色である。

　湯立て神楽などの祭典が終了すると、オダイモクはすぐに

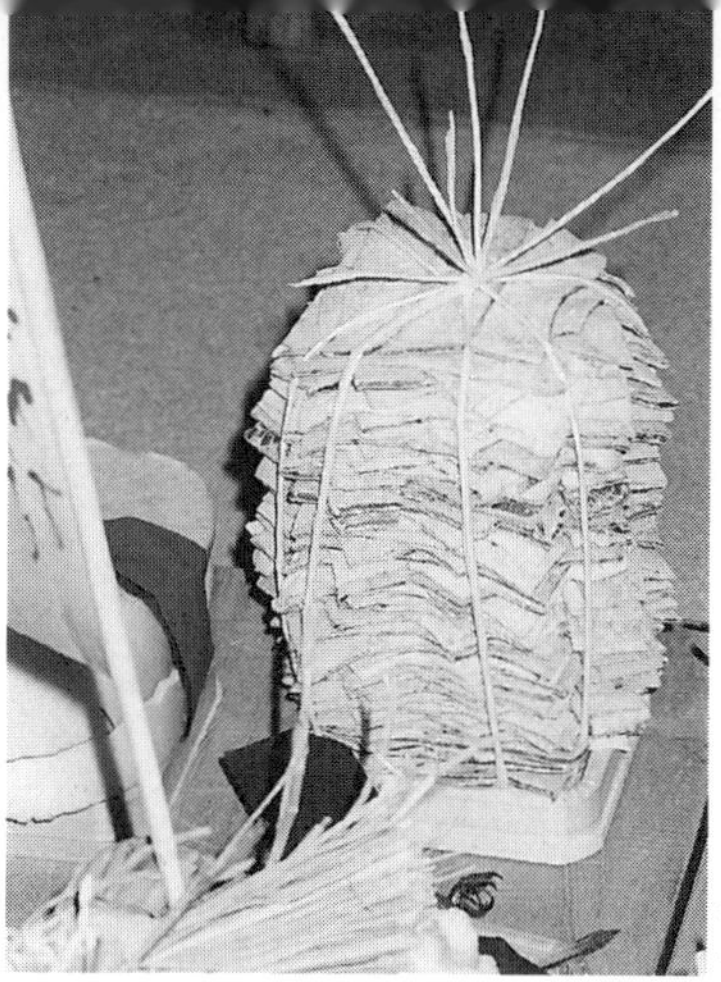
老杉神社の“エトエト祭り”の神饌「銀葉」

解体され、神饌の笠餅と帯餅は切り分けられて氏子に下される。神様の神聖なるパワーをいただくのである。

おこぼ神事の起源は、人身御供《ひとみごくう》のかわりの人形御供といわれる。年はじめに五穀豊穣を祈る〝オコナイ〟の一種とも考えられる。

オコナイは湖北や湖東に集中して行われているが、草津市下笠町の老杉《おいすぎ》神社のエトエト祭りは、規模においても内容においても湖国を代表するオコナイのひとつである。また神饌の充実度や特殊性には目を見張るばかり。

中世以来の組織形態である宮座のもとで、長い期間をかけて神饌の準備がすすめられ、社参が行われる二月十五日の前日、まだ暗い早朝から、注連縄《しめ》をはりめぐらせて神域となった当家（頭家）に多くの氏子が集う。本格的な神饌づくりに取り掛かるのだ。

エトエト祭りのお餅の神饌といえば、まずは御供《ごく》。蒸した餅米に小豆を加えて、特殊な餅搗き機で「エトエトー」叫び

日枝神社の“敬宮神事”の神饌「ちん」を神前に供える

ながら搗く。お餅が周囲に飛び散るぐらい激しく搗くほどいいという。搗き上がったお餅は楕円形に形づくり、福藁の菰《こも》で包まれて縄で束ねてくくりつけ、菱折りの紙を添える。このひと抱えもある大きな九つの御供が、エトエト祭りの神饌の中心となる。

一方、お菓子の視点でとらえてもっとも興味深いのは、古代神饌のひとつとされる銀葉《ぎんば》だ。米粉に神馬藻《ほんだわら》の粉と煎《い》り胡《ご》麻《ま》を混ぜてこねて蒸し、搗いた生地を薄く伸ばして横八センチ縦二センチの短冊に切る。この短冊を、真ん中に六角の空洞が出来るように積み重ねていくのだが、なかなか手間取る作業だ。角切りにした大根を空洞につめながら、百数十枚ほどの銀葉を高く積み上げ紙縒りで閉じる。御供が力の調製なら、銀葉は緻密な調製から生まれる神饌である。

神饌は常に神との饗宴を旨とし、銀葉もお下がりが配られる。「醤油をつけて焼いても、油で揚げてもおいしい」「銀葉はおやつの原型」との宮座の方々の声を聞きながら、神饌と

日枝神社の“敬宮神事”雪の日に

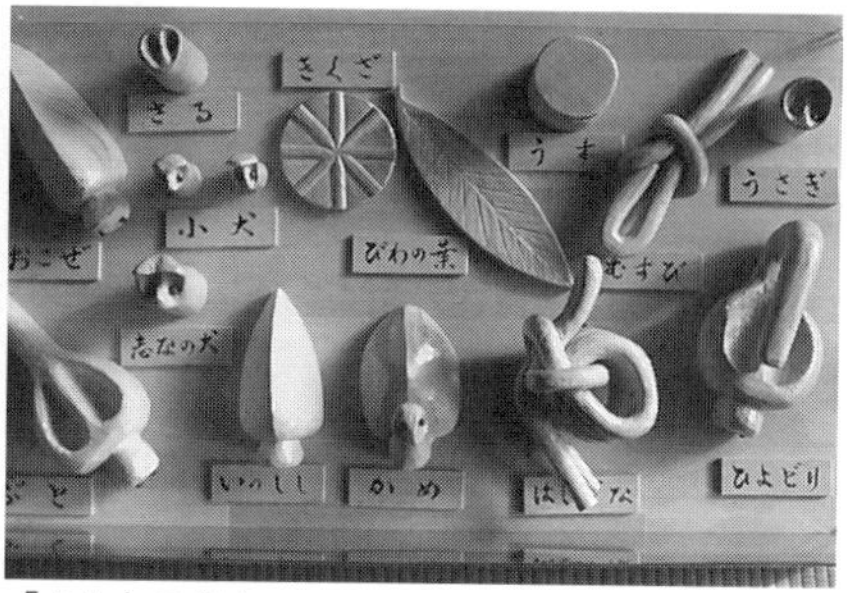

「ちん」の見本

和菓子のただならぬ関係を実感せずにはいられなかった。

唐菓子の流れを汲んだ神饌

私が滋賀県のお餅の神饌に興味を持つきっかけとなったのは、東近江市黄和田《きわだ》町の日枝《ひえ》神社の神饌〝ちん〟を見てからのこと。一月三日、雪化粧した日枝神社では敬宮神事《けいみやのしんじ》が行われていた。本殿の前に供えられている檜《ひのき》の木箱「カシバコ」の中には、つくられたばかりの神饌のちんがひしめいている。「これはもしかしたら唐菓子《からくだもの》」と思わずときめいたものだ。

太古の時代、菓子といえば木の実や果実をさしていたわが国のお菓子の世界に、七世紀から九世紀にかけて唐《とう》から調理をほどこした菓子文化がもたらされた。これが唐菓子である。唐菓子については文献により、梅枝《ばいし》や桃枝《とうし》、桂心《けいしん》、団喜《だんき》などの種類名および形態がわずかながら解明されている。また唐菓子の調理法の多くは、米や麦の粉を水でこねて、さまざま

日枝神社の“敬宮神事”の神饌「ちん」を油で揚げて調製する

な形につくり、油で揚げていたとされる。

敬宮神事のちんは若い衆ら氏子によって調製される。上新粉を湯でこねて、椀型の粢《しとぎ》にして茹で、臼と杵で餅のように搗き上げて粘りを出し、ひとつひとつ手で形づくられる。それを油で揚げるのである。種類はひよどり、はしづな、かめ、いのしし、しなの犬、ぶと、うさぎ、むすび、うす、びわのは、きくざ、子犬、さる、おこぜの十四種。文献に伝わる唐菓子の形態に類似しているものもあれば、日枝神社独特のものもある。

残念ながら、ちんがいつごろからつくられていたのか、十四種類の意味合いなどはわかっていない。永源寺町を含む湖東は百済《くだら》人など大陸からの渡来人が多く移り住んでいたことに、唐菓子伝承の鍵があるのかもしれない。

唐菓子の流れを汲《く》む神饌は、京都や奈良の大きな神社に伝えられてはいるが、小さな山里の里人によって、これだけの種類を連綿と受け継がれてきたことに深く感動したのはいう

日野の“近江中山芋くらべ祭り”

までもない。

デザインも楽しい野神さんの神饌

湖北、湖東を中心に県下で一般的に行われている祭事といえば、十二月ごろから翌年三月ごろにかけてのオコナイと、五月ごろから十月ごろの〝野神《のがみ》祭〟であろう。

野神は山の神、あるいは山の神が田の神になった神様で、稲作をはじめとする畑作物の守護神である。野神は、山の入り口、神社の境内、地域の入り口などに、自然石や杉や欅《けやき》、松などの大木を依代として祭られている。野神祭は神に豊作を祈り、豊饒《ほうじょう》を感謝する祭だ。

多くの地区で野神祭が催されている日野町では、米粉で形どった米俵、鳥居、風景のほか、アニメーションのキャラクターなどの団子を、神饌として野神に供えている。

日野町の中でももっとも有名な中山の芋くらべ祭（九月一

“近江中山芋くらべ祭り”の神饌「伏兎」

日）について調べていたところ、地元の郷土史家の岡本信男氏が著された『近江中山芋くらべ祭り』の本と出合った。芋くらべ祭保存会の長年にわたる資料蒐集と、氏の緻密な執筆内容には、地元の歴史への誇りと、祭りへの愛情があふれている。この本を参考に、芋くらべ祭の神饌について紹介したい。

芋くらべ祭は、すでに八百有余年前には、現在とほぼ同じ儀礼で祭事が行われていた。その起源は約一千年前まで遡《さかのぼ》るという。東谷、西谷と呼ばれる村から、村一番の長い芋を選び出し、野神山祭場で芋の長さを比べあう。西谷が勝てばその年の稲は豊作、東谷なら不作。また勝った方の村は、一年のあいだ村政の主導権を握る定めになっている。芋くらべは神託の儀式であり、神の裁きの場でもあったのだ。

祭りの文献的な初見となる、江戸前期に書かれたと思われる蒲生貞秀《がもうさだひで》の『芋競神事文』が祭りの詳細を克明に記している。文中から餅と団子の神饌に関するところを抜粋すると「家毎に米粉を以て鯉魚の形を模し神供となす、疑に是は伏

“近江中山芋くらべ祭り”の神饌「オリ」

兎餅を遣す意か」とある。

なんと現在でもなお、神饌に伏兎《ぶと》と鯉の形の作り物の「オリ」が調整されているのだ。伏兎は、里芋の葉を敷いた半切《はんぎり》に、米粉を水で練ったものを置いて平たく伸ばし、約五センチの正方形に切り分けたもの。

オリは「御鯉」とも書く。米粉を水で練って蒸し、臼で搗いてねばりを出す。これを棒状にまとめて「ドンジョウ」にし、鯉の木型に詰める。型から抜いて鯉の形になったものを莚に並べて、葉鶏頭《はげいとう》の紅の葉から採った紅汁で、鯉の口や鰭《ひれ》などに彩色を施す。

鯉の木型は各家庭に伝承されていて、古いものでは元禄二年（一六八九）の銘があるという。つくり方には家ごとの秘伝があり、おいしくする工夫もされているらしい。オリを食べると風邪をひかないとのこと。

日吉大社の“山王祭”の神饌「粟津の御供」

生命をこめた団子の造形

伏兎とは〝餢飳〟とも書き、唐菓子《からくだもの》のひとつである。

大津市坂本にある日吉大社の山王《さんのう》祭の粟津《あわづ》の御供には、米粉団子の神饌の〝ブトマガリ〟がある。二枚貝のようなブトと、紐《ひも》状にしたものを結んだマガリが含まれているのだが、唐菓子でいうところの餢飳と糫餅《まがり》に相当するのだろうか。ただし芋くらべ祭りの伏兎とオリ同様、米の団子であって、油では揚げない。

唐菓子の中に臍《へそ》の形に似た黏臍《てんせい》がある。東近江市政所《まんどころ》町の八幡神社のみそ祭の神饌の中に、黏臍に似たへそ団子がある。みそ祭は八幡神社の秋祭で、社ゆかりの惟喬親王《これたかしんのう》を密葬した十一月三日に行われる。みそ祭の名前は、〝密葬祭〟が縮まったものであるという。

みそ団子は社守の家に、地域の組の妻たちが集まって調整する。餅米の粉をぬるま湯でこね、小さくちぎって丸める。

八幡神社の“みそ祭”の神饌「へそ団子」をつくる

上下を押して直径二センチぐらいの扁平型にし、中央を人差し指で押してへこませる。湯でゆがかれて艶やかな餅に仕上げる。なるほど、臍の形に似ている。

団子を作ると同時に、煎り胡麻を十分に擦《す》り、白味噌と少しの赤味噌、砂糖を加えて合わせる。この味噌だれのすり鉢に、ゆがいたばかりの餅を加える。塗りのお重に移して神饌の準備ができたら、後は男たちの手によって神事がとり行われる。

残ったへそ団子をいただくと、胡麻の香りの香ばしい味噌の甘だれが、餅にまったりとからまっていて、とてもおいしい。「家でへそ団子をつくることがあるのですが、お祭のようにはおいしくできないんですよ。なぜでしょうね」「以前は、へそ団子の味が悪かったら、若い衆が団子に砂や灰を入れたりして、押し返すなどということもありました」と話がはずみながらの調製である。

野洲市八夫《やぶ》で三月八日に行われていた高木神社の五百母《いおや》祭

八幡神社の社殿

でも、数年前までへそ団子が調製されていた。餅粉を皿のような形にして中央を突起させ、蒸して団子にした後、窪みに茹《ゆ》で小豆を詰め込んだ神饌だった。このへそ団子は、女性器を表していたといわれる。五百母祭は二月に行われる神事祭と対になって〝女祭〟〝男祭〟とも呼ばれていた。神事祭の神饌には、ゆがいた牛蒡《ごぼう》に潰した大豆を塗りつけたものが使用されていたが、こちらは男性器に見たてられていた。

全国にも性器を崇拝し表現する餅があり、子孫繁栄と五穀豊穣の祈りがこめられている。生命の誕生を敬う祭に、豊饒儀礼としての性器の餅。おおらかで豊かな神饌が、近江にあることを心にとどめたい。

唐崎神社の“みたらし祭”。
鳥居前に茅の輪を設ける

門前菓子のご利益由来譚

お参り気分を高める門前菓子

滋賀県には現在、五千ちかくの宗教法人があるという。その多くは、地域の氏神さんや檀家寺として地元の人たちと密着し、大切に守られてきた。また滋賀県には、全国的にも有名な社寺が多い。遠くからの参拝者がひっきりなしに訪れるお寺や神社のそばには、いきおい茶店や料理屋、旅館、土産屋などがひしめくようになり、賑やかな門前町が形成されていった歴史をもつ。

門前町で商われるお菓子は、門前菓子と呼ばれる。門前菓子には参詣者がひと休みする茶店の名物もあれば、社寺の縁

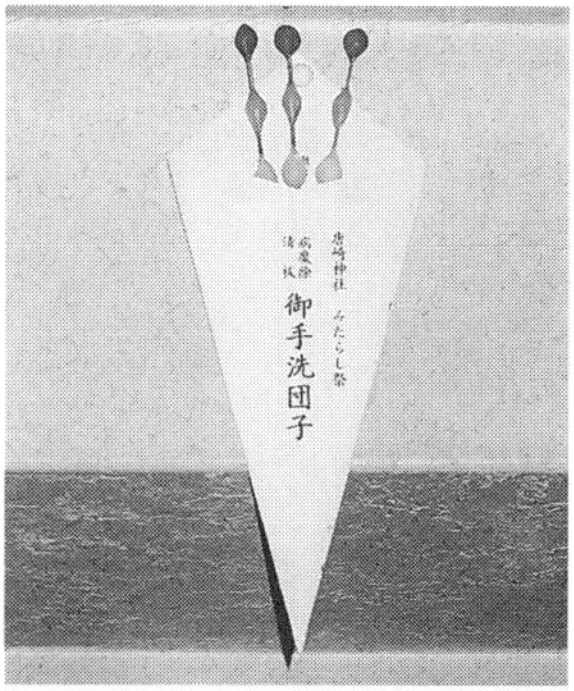

唐崎神社のお守りの御手洗団子。病魔除け、清祓いのご利益がある

唐崎神社の“みたらし祭”に供えられた大きい御手洗団子

起にちなんだお土産もあろう。名の知れた門前菓子ともなれば、お菓子自体が宗教性をおびて、参拝の行為にふくらみをもたらすようになる。「ここのお餅を食べなかったら、何やらお参りした気がしないね」といった具合に。

ありがたい門前菓子のなかでも、特に霊験あらたかなものは、供物にあやかったお菓子だろうか。神仏に供えられた神饌や仏饌は、お下がりとして氏子や信者に配られ、それを食べることで人は神仏と一体化し、ご利益を授かることができる。そんな内々の行いを、一般にまで広げてくれるのも、門前菓子の役目なのだ。

供物のお裾分を、みたらし団子にたくして

たとえばお団子のなかでも、もっともポピュラーなみたらし団子も、神饌から門前菓子として発達したと思われる。

大津市唐崎《からさき》にある日吉大社の摂社・唐崎神社。ここでは七

唐崎神社前の寺田物産の門前菓子「近江のみたらし団子」

月二十八日、二十九日の両日に御手洗（みたらし）祭が催される。古来より唐崎は琵琶湖の七瀬の祓所のひとつとして、六月と十二月の末に禊《みそぎ》の儀式が行われていた。みたらし祭は夏越《なごし》の祓《はらえ》を伝承する神事である。

神前には約三キロもの米粉でつくった串団子三本が供えられる。祭事の当日の朝、日吉大社にて巫女さんが手づくりしたもので、直径五～六センチはあろうか。米の粉を水で練って蒸し、色をつけて丸める。赤、黄、白、緑の順に串刺しにして完成する。

一方、授与品の御手洗団子は小さくて、指先大ぐらいの団子を竹串に刺した串団子三本が、熨斗《のし》折りの紙袋に入っている。団子の色は上から神饌と同じく赤、黄、白、緑。「罪、穢《けが》れを祓い病魔を除き清浄な家庭を築く」というお守りだ。神饌の御手洗団子もそうであるが、奇数の多い神事において、なぜ四個なのだろうか。御手洗団子は、人の五体を表すといわれるが、唐崎神社の場合は、五色《ごしき》の色のうち黒の団子を取

吉田玉栄堂の「くしだんご」

ることで「苦労を取り去る」という祈りがこめられているという。これらの神饌と授与品から、唐崎神社はみたらし団子の発祥の地ではないかという説もある。

　御手洗祭の神饌にあやかって、唐崎神社の鳥居前には、古くは〝かぎや〟と呼ばれた茶店があり『近江のみたらし団子』を参詣者に供してきた。近江のみたらし団子は現在も、寺田物産によりつくり続けられている。米粉を百パーセント使用した五個ざしの串団子で、五個の団子は人間の五体を表している。食べると厄祓いの効能があるらしい。

　ところで京都の下鴨《しもがも》神社の末社のひとつ井上社は、もとは唐崎社と呼ばれていた。井上社でも、土用の丑《うし》の日に御手洗祭の神事が行われる。この日、神前には竹串に五個の団子をさした神饌「御手洗団子」が供えられる。井上社に供えられる御手洗団子は、以前は、節どめした要からささらのように末広に広げた十本の竹骨を串にして、それぞれ五個の団子をさした一本五十個の団子をもつ形態であったらしい。

三井寺の護法善神堂の“千団子祭”法要

京都ではもう見られなくなった古《いにしえ》のみたらし団子だが、草津市穴村《あなむら》町の吉田玉栄堂の『くしだんご』は、きわめてよく似た形態を伝えている。穴村には墨灸《すみきゅう》の病院があって、患者の子供らを慰めるために、地元の農家がつくっていた草木だんごを、吉田玉栄堂が引き継いだ（146ページ参照）。門前菓子ではないのだが、手抜きできない作業には、祈りにも似たひたむきな手技が感じられてならない。

三井寺にちなむ名物団子

近江のみたらし団子とともに「千団子」も供物にちなんだお菓子だ。

大津市園城寺《おんじょうじ》町の三井寺（園城寺）の護法善神堂《ごほうぜんじんどう》では、五月十六日から十八日のあいだ、子供の成長を供養する千団子祭が行われる。鬼子母神は千人の子供を持ちながら、人間の子供を食べていた。釈迦に自分の子供を隠されて改心し、

三井寺の“千団子祭”にて鬼子母神に供えられた「千団子」

子守の守護神となった。千人の子供の供養から千個の団子が供えられるところから、千団子祭の名前がついたといわれる。『近江輿地志略』には千団子の説明として「大津園城寺の境内護法善神社より之を出す。毎年四月十六日善神の御帳を開き法味を供ず。近村の土俗千の粉子を製造して賽前に備へ幼児の平安息災を祈る」とある。

現在、奉納されているのは米粉製風の団子で、白いお顔立ちの鬼子母神の前に扇を広げたように放射線状に供えられている。

千団子祭の帰りには、境内で売られている『千団子』を求める人が多いようだ。門前店のかのこ製で、白と赤、抹茶、ニッキの四色の串団子である。

三井寺の門前菓子といえば、有名なものに『力餅』がある。力餅の由来は、弁慶の引き摺り鐘の伝説による。三井寺と延暦寺との争いが絶えなかったころ、武蔵坊弁慶が三井寺の鐘を奪って比叡山に引きずり上げた。撞《つ》いてみると鐘が「イノー、イ

三井寺力餅本家の「三井寺力餅」

ノー」と響いたので、弁慶は「そんなに帰りたいのか」と怒って、鐘を谷に放り投げたという。力餅は三井寺参りの茶店のお茶うけとして評判のお菓子であったのが、いつしか力持ちの弁慶にかけてネーミングされたのではないだろうか。

三井寺の境内にある茶店の本家力軒では、江戸末の文化年間から『力餅』をつくっていたと伝え聞く。お寺の位置から離れるが、浜大津の三井寺力餅本家の『三井寺力餅』も美味なるお菓子として認められている。ふたつとも、三個の餅あるいは団子を串にさして、秘伝の蜜をかけ、きな粉をふんだんにまぶしてある。

門前菓子には真しやかな謂れがからまっているものだが、純粋に参詣の善男善女に愛され、今日にいたったものも多い。栗東市辻《つじ》の阿波《あわ》屋清重が文化年間の創業以来つくり続けてきた『善光寺ういろ』もそのひとつ。「近江の善光寺」と呼ばれる新善光寺参りのお土産物としてもてはやされ、今なお黒砂糖の風味のみずみずしい外郎《ういろう》を製菓する。

阿波屋清重の「善光寺ういろ」

三井寺の境内の茶屋にある本家力餅の「力餅」

『三井寺力餅』同様に『善光寺ういろ』もとにかくおいしくて、お参りを忘れて、お菓子だけを買い求めることもある。

清貧の穀物をもちいた延暦寺門前菓子

延暦寺の門前町・坂本には約五十を数える里坊をはじめ、西教《さいきょう》寺や日吉大社などの社寺がたち並ぶ。宗教のメッカの坂本だが、伝統のある門前菓子が見あたらない。文献などで「日吉大社の粟羊羹」「延暦寺の門前茶屋の粟餅」などを目にした記憶があるものの、実際に存在したかどうかの実証はできないでいる。

坂本には延暦寺、西教寺、日吉大社の御用達を務める二軒のすぐれた和菓子屋がある。両店ともに、ご当地ゆかりの銘菓を次々とつくっていて、なかでも延暦寺にちなむお菓子が秀品。鶴屋益光は『そば羊羹』や『そば饅頭』などの蕎麦《そば》粉を用いたお菓子が得意だ。一方の廣栄堂寿延は、坂本に粟の

西教寺の真盛上人ゆかりの「真盛豆」。鶴屋益光製

坂本名物の鶴屋益光の「そば饅頭」

お菓子があった伝承から、餅粟を用いた『行者笠』や『雲母《きらら》坂《ざか》』をつくる。食においても厳しい修行のともなう延暦寺に思いをはせて、あえて素朴な穀物を主原料としているが、高品質の材料とていねいな仕事に、和菓子の完成度も高い。

また鶴屋益光では、西教寺の法要時などに『真盛《しんせい》豆』を調製して納めている。真盛豆は西教寺中興の祖・真盛上人が考案したもので、黒豆に菜の葉と塩の衣をまぶし、結縁《けちえん》の者に与えられたと伝えられている。鶴屋益光の真盛豆は、小豆に大豆粉を何層もつけ重ねて、表面に青海苔をまぶしてある。期間限定品ではあるが、店でも販売している。また西教寺では、京都の金谷正廣《かなやまさひろ》製の真盛豆を常備していて、いつでも求めることができる。

近江門前菓子の筆頭、お多賀さんの糸切餅

近江の門前菓子の代表としてあげられるものに、多賀大社

延暦寺の麸焼煎餅の御紋菓（122ページ）

の『糸切餅』がある。

お多賀さんの表参道に明治二十二年に店を構えたひしやでは、昔ながらの手法で糸切餅をつくり続けている。

餅米を熱湯でこねてから蒸しあげ、石臼と杵でつく。注文の数に合わせて、この生地で漉餡《こしあん》を包み、船型に成形する。赤と青の食紅で染めた生地を縄状にして船のうえにのせ、水色、ピンク、水色の三筋を描く。この生地の端を細く引きのばしては、三味線の糸で小口に切っていく。一見、金太郎飴の手法に似ている。

カラフルな色合いの可憐な糸切餅だが、実はこの餅には壮大な歴史の物語が秘められているのだ。

今から七百年あまり昔、北条時宗の時代に蒙古《もうこ》軍が九州に襲来。文永、弘安の役である。国を揺るがす国難に、時宗は全国の社寺に戦勝祈願をした。蒙古軍の船舶は、二度の台風で全滅。軍旗は戦勝品として、多賀大社に納められたという。この軍旗の柄は、赤と青の三本のストライプであった。糸切

多賀名物の糸切餅は、糸で切ってつくられる。ひしやにて

餅は、敵の旗印を描いた餅を、弓づるで切って多賀大社に供えたのが由来とされている。

さらに、こんな世話物的な由来も重なる。江戸末期に病気平癒に多賀大社を訪れた相撲取りと芸者。無事に病も治ったが、持ち金が底をついた。そこで宿賃を工面するために、相撲取りが餅をつき、芸者がその餅を三味線の糸で切った。

どちらの謂れにしても、刃物をもちいずに餅を切ったことが大切で、国の安泰と人の寿命を長らえるために刀槍《かたなやり》を使わない精神が、糸切餅には潜んでいる。多賀大社はいわずと知れた延命長寿のお社である。

延命長寿といえば、お多賀杓子《じゃくし》。養老年間（七一七～七二三）に時の帝の病を治すため、多賀大社に供えられていた飯と杓子を献上したところ、帝が全快したことから、杓子がお多賀さんの名物となった。このお多賀杓子を模した『杓子煎餅』が、近江鉄道の多賀大社前駅前の寿《ことぶき》屋でつくられている。木肌の感触を連想させる素朴な硬焼き煎餅である。

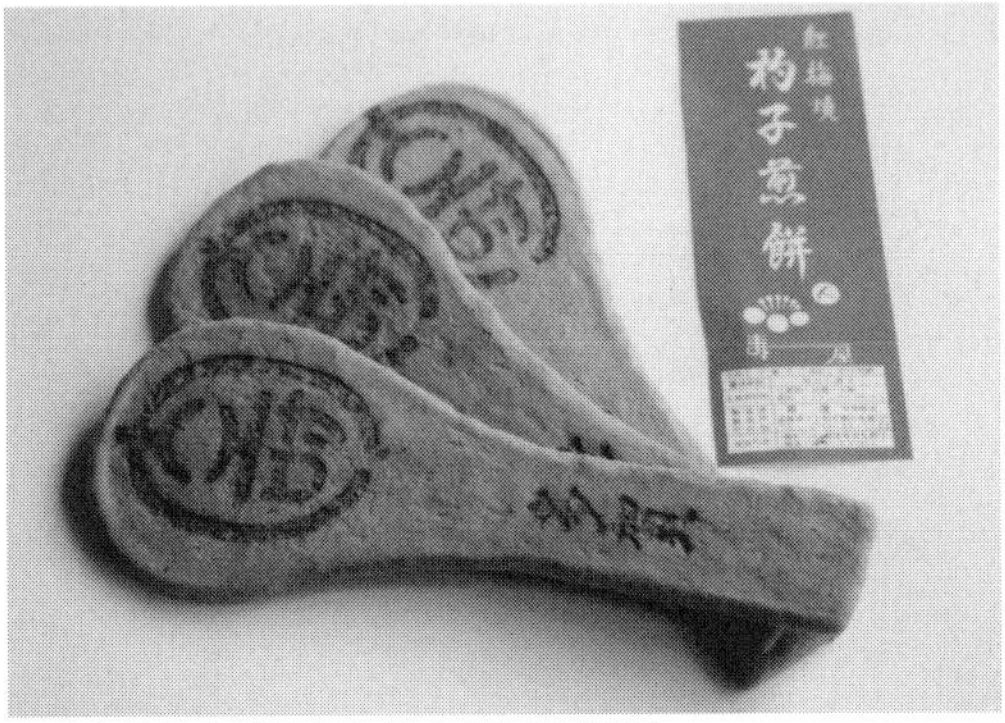

お多賀杓子を模した寿屋の「杓子煎餅」

門前町の変貌とともに

門前菓子は、社寺とともにありながら、仏事や神事にもちいられる供饌菓子とは違い、門前町という俗世間の変容によって、姿を変え、あるいは消えていく運命にある。全国レベルで有名な糸切餅でさえ、ここ数十年のあいだにつくり手を激減させた。

中山道の高宮《たかみや》宿（彦根市）のほぼ中央に、多賀大社一の鳥居が立っている。鳥居の脇には「是より多賀みち三十丁」の道標がある。ここより東へのびる道は、多賀大社への表参道である。三十丁…お社まで約三キロと数百メートルの道のりということになろうか。

多賀大社は「伊勢へ七度熊野へ三度。お多賀さんへは月参り」と親しまれてきた。参道は賑わい、門前町はおおいに栄えていた。大正三年、近江鉄道の線路が高宮から多賀大社前へとのびた。門前の繁栄は、駅からお社までの七百メートル

長命寺の門前菓子

多賀大社の鳥居前は、糸切餅屋の多賀やと莚寿堂本舗で賑わう

あまりに縮まった。やがて時代は車社会に突入。今から約十年前、神社の横に大駐車場が完成し、以来国道三〇六号と三〇七号が参拝への道筋になった。つまり、ほとんどの参詣者は表参道を通ることなく、お社にたどりつくことができるのだ。
「最盛期には、二、三十軒、いや四十軒はあったでしょうか。参道に糸切餅の店が立ち並んでいたんです」とひしやの四代目の宮坂誠二さん。今、糸切餅の伝統を守るのは、多賀大社前駅にほど近いひしやを含めて、大鳥居のまん前に店を構える多賀やと莚寿堂《えんじゅどう》本舗の三軒だけである。
　お寺や神社が多いうえに、いく筋もの街道のはしる近江には、門前菓子が豊かに存在していた反面、道路事情などの変化からたくさんの門前菓子が消えていったと思われる。今はなき門前菓子の面影だけでもいい。門前菓子の片鱗を知りたい。なぜなら門前菓子には、神仏と向かい合うのと同じように、時代を越えた人々の切実な祈りや願いがこめられているのだから。門前菓子を見失ってはならない。

太郎坊宮の〝お火焚大祭〟ゆかりの井上製菓の「開運糖」と型、40年前のペナント

この日この時、和菓子の限定品

お火焚き祭の砂糖菓子

和菓子にはさまざまな分類のしかたがある。ほぼ一年中つくられる店の顔ともいえる銘菓と、季節や行事にちなんで製菓される限定品とを分ける方法もそのひとつ。

その場限りのお菓子の代表が、抹茶や煎茶の茶会で用いられる主菓子や干菓子だ。季節感を重んじる茶道の世界では、お菓子も一期一会《いちごいちえ》の心に通じる。同じ銘のきんとん『柴の雪』であっても、柴をあらわす茶色のそぼろ餡の上に、雪を表す白のそぼろ餡をどの程度の量をおくかは、一会ごとの茶会の時候や趣向によって微妙に変化する。厳密にいえば、一度限

盆に先祖を迎えるお供え「しんこ」。餅兵製

りのお菓子である。

年に一度の仏事におけるお供え菓子も限定品のひとつだ。お盆の精霊迎えの〝しんこ〟や、報恩講の〝御華束《けそく》〟がよく知られる。神事にちなんで、お菓子屋が記念に売り出すお菓子もある。たとえば、新年を清しく迎えるために催される行事のひとつ東近江市小脇《おわき》町の太郎坊宮《たろうぼうぐう》のお火焚大祭《ひたきたいさい》。十二月八日、膨大な数の護摩木《ごまぎ》を焚いて一年の穢《けが》れを祓《はら》う清めの日に、宮のお膝元にある井上製菓では一年に一度のお菓子を販売する。『開運糖』と呼ばれる砂糖菓子で「勝運授福」の守り菓子として以前は境内で毎日授与されていた。井上製菓には「お伊勢七度　お多賀え三度　太郎坊さんえ月参り　お土産は開運糖」と記された四十年ほど昔のペナント型の栞《しおり》が残されている。

砂糖菓子は煮詰め具合によっては、口に含むとトロトロとクリームのように溶ける。口当たりが優しくて懐かしいお菓子だ。開運糖は銅製の型に砂糖蜜を流して、太郎坊宮の守護である太郎坊天狗と天狗の団扇《うちわ》、宮の紋である輪宝の三種を

薄手の御華束を作る。餅吉商店の店内

抜き出している。

盆梅展のお菓子いろいろ

各種のイベントもオリジナルなお菓子を誕生させる。

春を誘うように、湖北の各地で開催されるのが、恒例の盆《ぼん》梅展《ばい》。もっとも規模の大きい長浜市の長浜盆梅展では期間中（一月十日～三月十日）に限り、さまざまな創作菓子がお目見えする。

盆梅展の会場では茶席も設けられ、抹茶のお菓子として愛用されているのが、柏屋《かしわや》老舗の『盆梅しそ餅』。白餡を求肥で丸く包み込み、赤紫蘇《しそ》の葉でていねいにくるんである。塩漬けした紫蘇を十分に塩抜きし、葉の軸を取り除くなど、見えないところまで手ひまがかけられている名菓だ。

一方、香煎の梅茶とともに供されることの多いのが、藤本屋の『梅だより』。梅肉を加えた梅餡を羊羹仕立てにして、

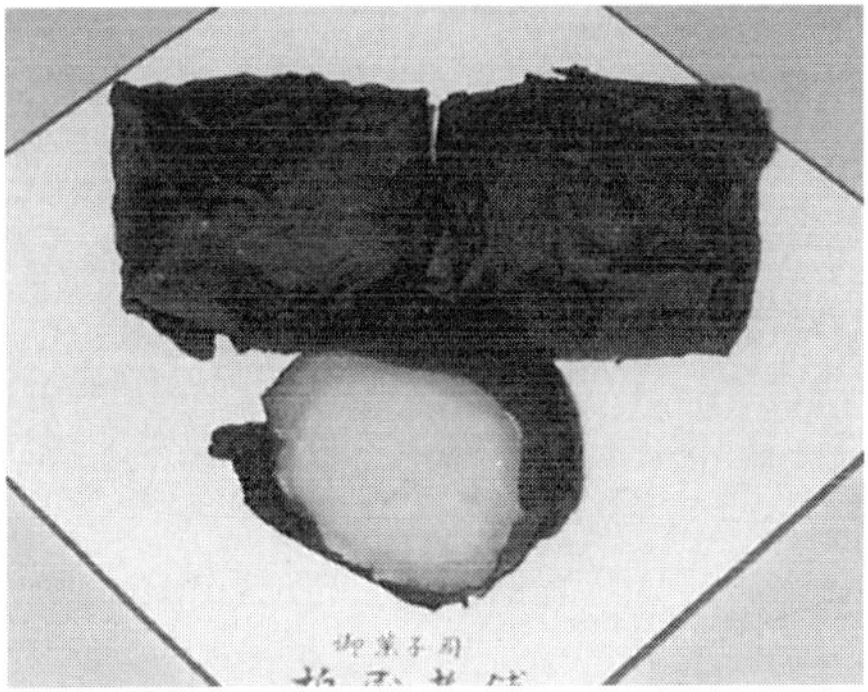
長浜盆梅展の期間限定のお菓子、柏屋老舗の「盆梅しそ餅」

薄くのばした求肥で巻き、表面に氷餅《こおりもち》をまぶしてある。雪の中で見る紅梅をしのばせる美しいお菓子の景色だ。また藤本屋の銘菓『浜ちりめん』もこの期間、淡雪《あわゆき》羹に梅肉を入れた梅仕様に製菓して販売されている。

　盆梅展会場のお土産コーナーでは、浜ちりめんをはじめ、盆梅展限定のお菓子が色とりどりに並べられる。たとえば、丸喜屋の『梅びしお』。羽二重餅をピンクの白餡で包んだ姿がかわいい。色と香りを醸しているのは、自家製の梅びしおである。梅びしおとは、梅干を水煮して塩気をとばし、裏ごした梅肉に砂糖を加えて煮込んだもので、たいそう手間がかかる。ほかにも、紅梅を洲浜《すはま》の生地で表した親玉《おやだま》本店の『豊《ほう》紅梅』、中の梅肉がほのかに見える元祖堅ボーロ本舗の押し菓子『盆梅の館』、梅の焼印を押したエザキせんべい製菓の『盆梅せんべい』など梅にちなんだ和菓子が、なんと十五種類ほども揃い、梅の花と競い合う。盆梅もみごとだが、長浜のお菓子屋の心意気にも感服してしまうのだ。

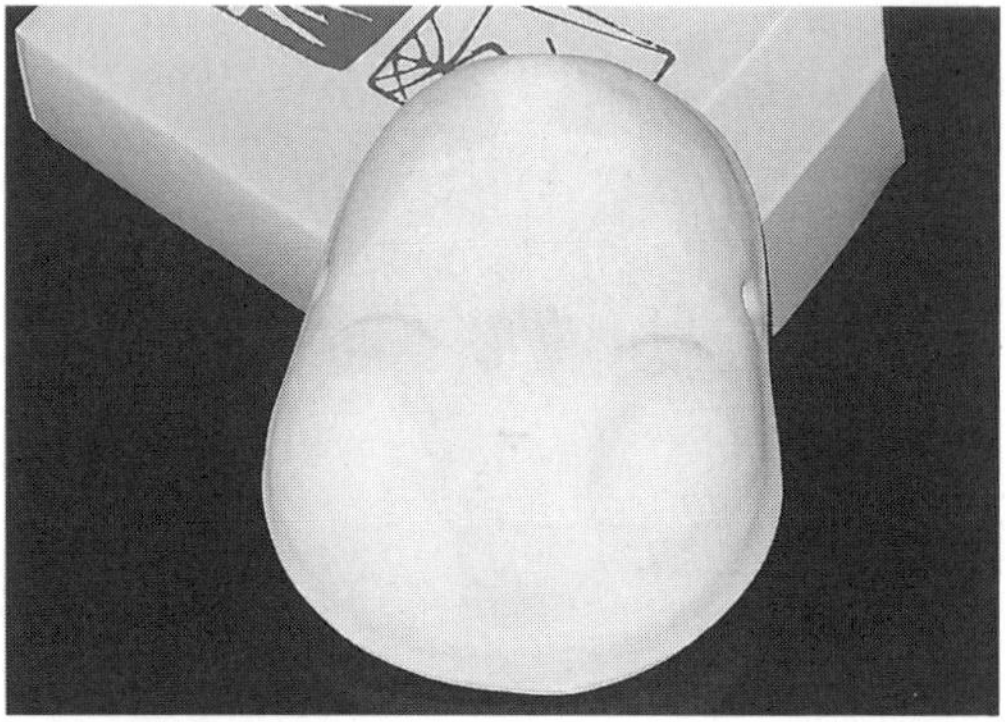

節分の歳時菓子たねやの「富久豆」

お菓子の風物詩

松の内も過ぎるころから、心ひかれるお菓子にたねやの『富久豆《ふくまめ》』がある。節分の日の歳時菓子で、販売は一月十六日から節分当日まで。富久豆は、お福さんをかたどった干菓子のお面と、紅白の砂糖がけの豆のセット。このお面が実に愛らしく、張子のような和紙の風合いを、独特の雲平《うんぺい》生地で表現している。手描きされた目もとや口もとが福々しくて、食べてしまうのがもったいない。実際、壁掛けにもなるようにつくられていて、わが家では「福を招くように」とそのまま一年間飾っておいた年もあった。

夏と秋の限定菓子からも、一品ずつ紹介しよう。守山市の夏の風物詩といえばホタルだ。戦前までの守山には、ホタル問屋が商い、ホタル見物のための臨時列車まで走っていたという。押し寄せる見物人相手に、守山のお菓子屋が競うようように『ホタル餅』や『ホタル団子』を販売していたらしい。し

鶴里堂の「祭菓子十三題」と〝大津祭〟の粽

かし、大量捕獲と環境悪化のために昭和二十八年（一九五三）にはホタルは絶滅状態となり、ホタルを冠したお菓子も姿を消した。その後、人工飼育によりホタルが復活し、それにともないお菓子も再生。市内の菓子屋数軒がホタルの飛び交う時期に、ホタル団子やホタル餅をつくるようになった。守山市守山二丁目にある鶴屋吉正の『ホタル団子』の場合は、三色の串団子になっている。三つの色はホタルを模していて、上のピンクは頭を、中央の茶色は胴体を、下の黄色は尻の光を表現している。

秋、十月の大津の町なかを、絢爛《けんらん》と彩る大津祭の曳山《ひきやま》。この十三基の曳山をイメージした『祭菓子十三題』を調進するのが、曳山をお守りしている町内にある鶴里堂《かくりどう》。「大津祭をもっと知ってもらいたい、盛大にしたい」という思いから、数年前より販売をはじめた。十三基の曳山それぞれの謂れや絡繰《からくり》を、和菓子で表現するのは難しく、実現するのに十六年の歳月を有したと聞く。

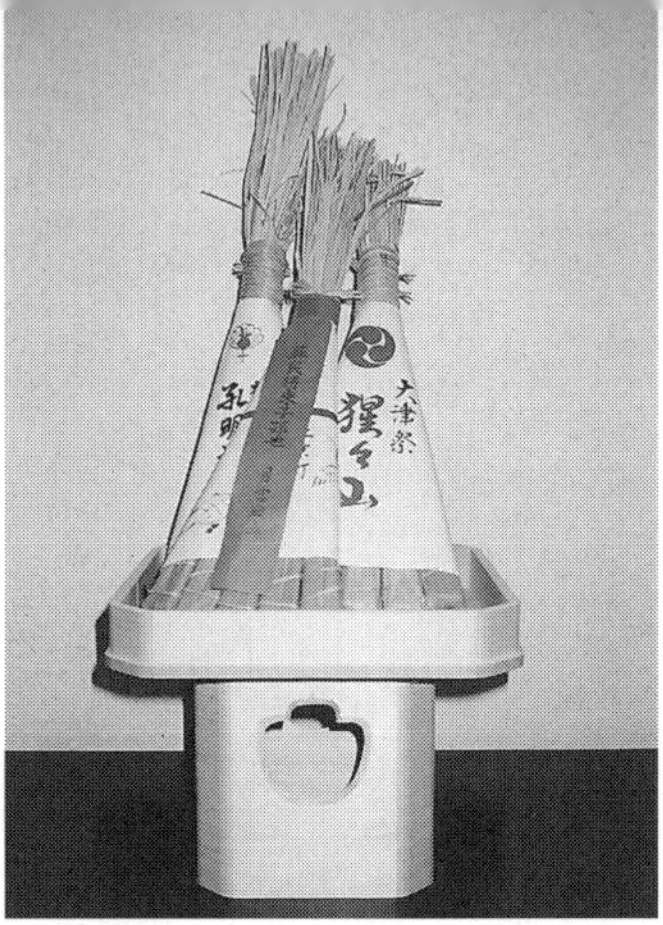

〝大津祭〟のお守りの粽

奇抜な趣向は避けて、あくまで抽象的な造形表現。薯蕷《じょうよ》やこなし、羊羹、外郎、羽二重など和菓子の技法を網羅し、茶会の主菓子としても通用する洗練された色彩とした。「菓子屋の生命は餡」とする姿勢から生まれる上品な味わいには、大津町衆の高い文化度が感じられる。販売されるのは宵宮《よいみや》と本祭の二日間で、予約でほぼ完売になる。

誕生を祈り祝う心をこめて

人生の慶弔の節目には、和菓子を供されることが多い。一人の人間にとっては、一生で一度のお菓子である。命を授かって最初に用いられるのが『はらみ餅』。はらみ餅は『帯祝い餅』ともいわれ、妊娠五ヶ月の戌《いぬ》の日に行う帯祝いのおりに、親戚縁者に配られる餅菓子のこと。実はこのはらみ餅、滋賀県以外ではほとんど知られていないらしい。帯祝いのときに餅を配る風習は、以前は各地にあったそうだが、現在も

妊娠の帯祝いのときに配られる「はらみ餅」。井上製菓製

なお一般的に行われているのは滋賀県だけのようで、県下のお菓子屋で注文を受けてはつくり続けられてきた。

お菓子屋によって多少の違いはあるようだが、米粉の生地を楕円形にのばし、粒餡をはさんで折り畳み、ハマグリのような形に調えてある。確かに、妊婦さんのお腹のようにふっくらとした形態だ。色は二色のセットで、店によって白と赤、赤と緑などと異なる。なかには菓子型で表面に模様を描き出したり、きな粉をまぶしたものもある。一箱に十個詰め。十《と》月十日《つきとおか》にかけてあるのかもしれない。

はらみ餅は漢字で書けば『孕み餅』だろうか。妊娠五ヶ月といえば母子ともに安定期。はらみ餅の贈呈は身ごもったことを周囲に知らせ、胎児の健やかな成長と安産を祈る風習と思われる。また出産後のお祝いに『はらわた餅』を配る習慣も滋賀には残っている。はらわた餅もまた、ハマグリの形をしている。

誕生といえば、平成十六年の秋から翌年にかけて、滋賀県

井上製菓が記念に作った八日市市章押し菓子と、その木型

でも市町村合併による新しい市が生まれた。十七年二月十一日に東近江市となった八日市《ようかいち》市の井上製菓では、思い出のお菓子を特別につくった。それは五十年前に八日市市が誕生した際、市章のマークの菓子の木型をつくり、新しい時代を記念した押し菓子。この木型ともお別れ。長らく使っていなかった型を出して、白地に緑の紋のお菓子を打った。この日限り、最後の八日市市章のお菓子であった。

第四章

大地の恵み菓子

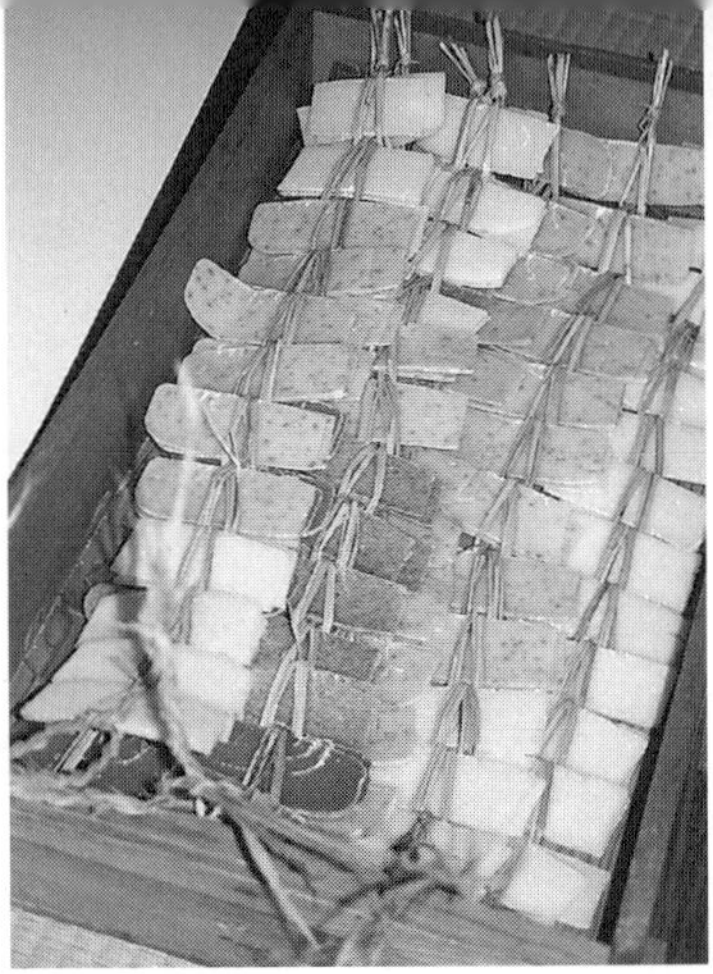

かき餅を藁でつなぐ。
中村みねさんの手製

お米のお菓子は近江の誉《ほまれ》

かき餅、一番身近なおやつ

お米、つまり粳米《うるごめ》と糯米《もちごめ》のお菓子の代表には、お米を蒸して搗《つ》いた餅と、お米を粉にして捏《こ》ねて加熱した団子がある。滋賀のお菓子の特徴は、神事や仏事における宗教的、風習にかかわる民俗的な餅や団子がきわめて多く伝承されていることだ。私自身、近江のお米のお菓子の多様さ奥深さには、おののきすら感じている。

「子供の頃のおやつは何でしたか」と滋賀の人に聞くと、戦前生まれの人たちのほとんどから「かき餅やあられ」と答えが返ってくる。かき餅やあられは、糯米を蒸して搗き、のし

かき餅と材料は同じ。細かく切ったものが「あられ」となる。中村みねさんの手製

餅にして半乾きにし、薄く切って乾燥させてつくる。日持ちがするので常備食や保存食として、たいていの家でつくりおきされてきた。小昼《こびる》（おやつ）の時間などに必要な分だけを取り出し、焼いたり油で揚げたりして食べていた。かき餅やあられは季節を問わず、もっとも身近なお米のおやつだったのである。

高島市朽木《くつき》で林業と農業を営む中村源一《げんいち》さん、みねさん夫妻を訪ねたのは冬の季節。手製のあられを用意してくださっていた。昨年の雛祭につくった菱餅を、小さく砕いて油で揚げたあられだった。「お米のおやつを知りたい」という当方の希望に、さらに寒の水で搗いた餅に栃の実や青海苔《のり》、干し海老を加えたかき餅をつくり、昔ながらに藁《わら》で吊るすようすを見せてくださった。「コシヒカリの藁が長くて柔らかくて使いやすい」と藁を綯《よ》りながら、二枚重ねのかき餅を藁に固定させていく。一列に十五枚から二十枚ほどのかき餅がずらりと垂れ下がる。室内に吊ったり、筵《むしろ》の上に並べて乾燥する

餅屋による餅の調製。鶴屋吉正にて

ことが多いという。

飽食の消費社会は、かき餅のような素朴なお菓子を置き去りにした時代であり、自宅でかき餅をつくる家は激減した。一方でかき餅は、郷愁を誘う故郷の産品として注目され、東近江市五個荘日吉町の『てんびんおかき』（54ページ参照）などの人気かき餅を誕生させた。

醒井餅はかき餅の最高峰

米原市醒井《さめがい》の名産『醒井餅』は近江の特産の中でも、歴史的にもっともよく知られたお菓子だ。狂言の『業平餅《なりひら》』には、餅の名物を紹介した餅づくしの小咄《こばなし》がある。醒井餅も「恥をかき餅悲しみの、涙は雨やさめがい餅…」を謡われている。古文書にもたびたび登場するのだが、今日まで伝承されなかったことから、幻の名菓という感があった。醒井餅がどんなお菓子だったのか記録から推測すると、およそ〝かき餅〟の

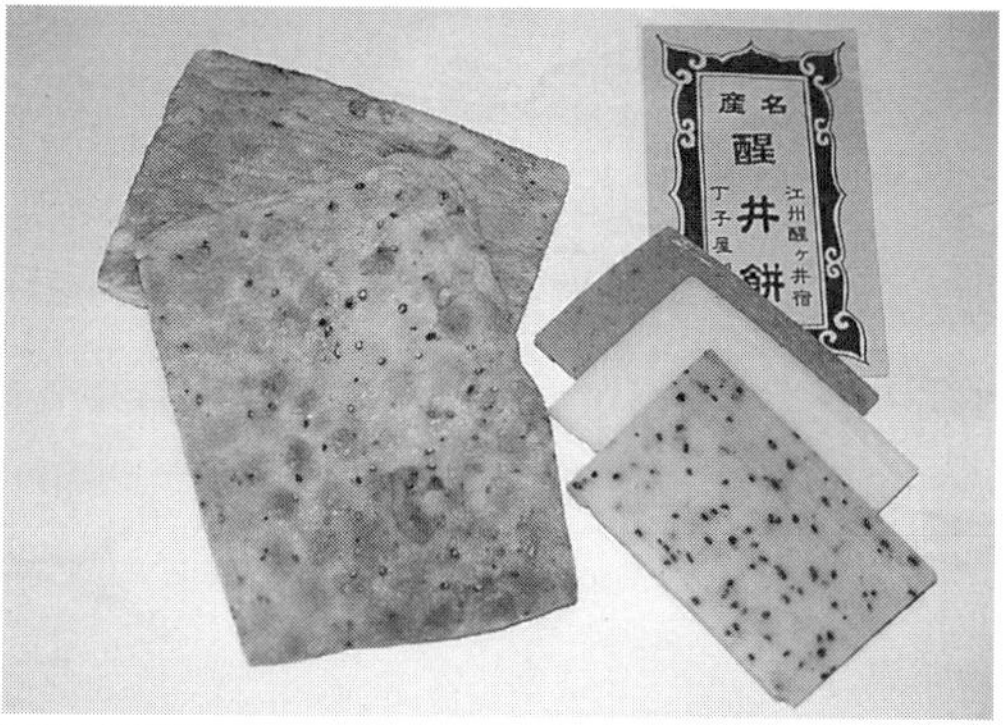

丁子屋製菓の「醒井餅」

ようなものであっただろうと思われている。

　醒井餅がいつごろからつくられていたかは定かではないが、貞享《じょうきょう》元年（一六八四）刊行の『雍州府志《ようしゅうふし》』に京都の六条の醒ヶ井では醒井餅を模したものを製造していたと記しているところから、江戸初期にはすでに、醒井餅が諸国に名をはせていたのは確かなようだ。享保《きょうほう》三年（一七一八）刊行の『古今名物御前菓子秘伝抄』には、現在のかき餅とよく似た〝醒が井餅〟の製法が紹介されている。また『近江輿地志《よちし》略《りゃく》』に「醒井の製する處、紅黄白の片餅大きさ竪四・五分、厚さ一分に及ばず甚だ薄し」とある。大きさは幅一寸六分、長さ五寸ほどとの記述もあり、また、『五色柿餅』と呼ばれたこともあったらしく、色にも違いがありそうだ。また、江龍四方助の家にて製造販売していたともされるが不明。

　醒井餅は焼く前の生地を商品にしていたと思われ、日持ちの良さからか贈答品として多用されていた。贈り物に対する礼文の返書などから、醒井餅が彦根藩からの幕府への献上品だった（40・48ページ参照）のをはじめ、階層を越えて用いられていたことが読み取れる。

醒井餅が名産とされ、もてはやされたのはとりもなおさず美味だったからに違いない。江州米の旨味に加えて、醒井の名水が米の風味を際立たせたのであろう。一粒選《え》りした糯米をのし餅にして、正直鉋《かんな》と呼ばれる鉋で薄く削ったかき餅で、味の違いから色分けされていたらしい。

醒井餅を復興した米原市醒井の丁子《ちょうじ》屋製菓の平成の醒井餅は、滋賀県特産の糯米の滋賀羽二重糯《はぶたえもち》を井戸水に浸しておき、杵《きね》で搗いた餅をかき餅にしている。三種類の味わいがあり、醤油を薄く塗って軽くあぶることで、お米の香ばしさを増幅させている。

糯米へのこだわり、おかきとあられ

おかきやあられを焼くときの、餅と醤油とがかもしだす香

八荒堂のおかき
手焼きの作業

ばしい匂いは、日本の食を代表する香りのひとつである。「近畿の米蔵」と位置づけられている滋賀だが、県内に特におかき屋やあられ屋の軒数が多いわけではない。しかし、さすがに良質の糯米に恵まれている土地柄、お菓子の品質は高い。

たとえば大津市長等《ながら》のおかき処の今村製菓。手焼き作業のときなどは、店頭にまでお米の香りがたちこめている。

今村製菓では、滋賀羽二重糯の玄米を精米するところからおかきづくりを始める。杵搗きの餅を、冷蔵庫で冷やして適当な固さにし、おかきの大きさに裁断。室内で自然乾燥するのだが、陰干しの頃合いと、焼くときの火加減がおかきの風味に影響するという。おかきは、藁灰をかぶせた備長炭《びんちょうたん》の火力で素焼きにし、たまり醤油とみりんのタレにからめて、こんがりと焼き上げる。

今村製菓は明治大正時代、大津屈指の米問屋であり、京都の和菓子屋などに糯米を卸していたが、戦時中の米不足によ

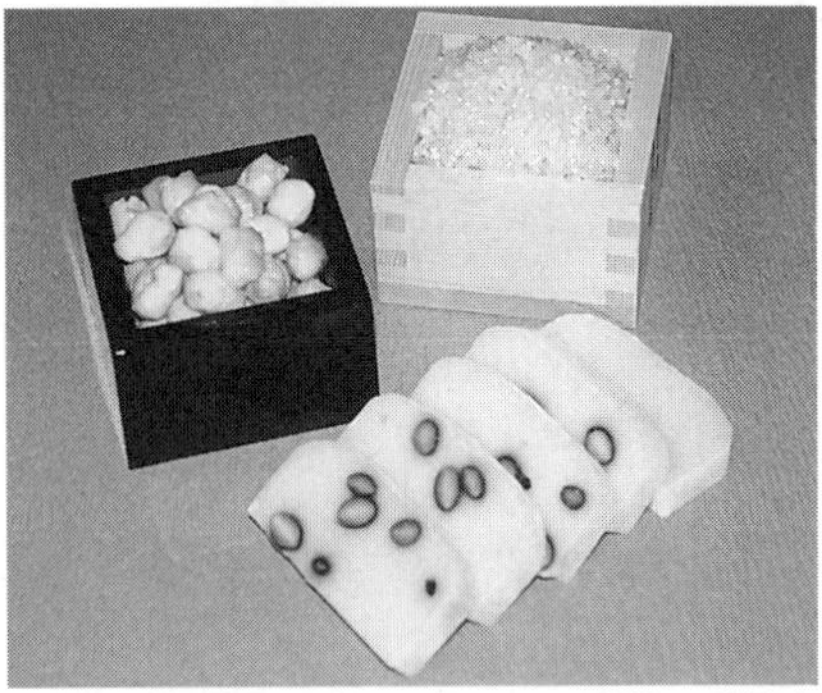

八荒堂で収穫した米、豆入りのかき餅、手焼きのあられ

って休業。戦後はおかきの専門店に転身した。もちろん、米の善し悪しを判断する眼識は鋭い。

「米作りからあられ造りまで」を家業としているのは、志賀町北浜の八荒堂《はっこうどう》である。比良《ひら》山麓の「飲めるほどきれいな水」を引き入れた自作田で、ほとんど農薬を使用しないで糯米を栽培。収穫したお米は籾《もみ》のまま貯蔵することで、新米独特の甘みのある風味を保っている。製造に使用する分だけを精米し、木の蒸籠《せいろ》で蒸して杵で搗き、自然乾燥させたかき餅を、網にはさんで焼き上げる。

米の生産やおかきの製造の過程でできる糠《ぬか》（発酵させたもの）、くず粉や焼き損じの割れおかきなどは、すべて肥料として田にもどす。「一年に一回しか収穫できない米を、一粒たりとも無駄にはできない」と循環させているのだ。八荒堂には、農地とおかきの加工場を隔てる境目が存在しない。

ゆりこを使用した「焼きだんご」ときめきグループ製

ときめきグループの「焼きだんご」づくり

団子にお米への感謝と祈りをこめて

近江産だから、地元産だから「滋賀のお米のお菓子はおいしい」と断言するのは感傷的だと承知している。だが手塩にかけたお米に対する愛情が、お菓子づくりの心ばえになっていることは事実だと思う。

「粘土質の良い土なんです。愛知《えち》川ダムから引いた水もきれい。品種はコシヒカリとキヌヒカリで、うちのお米には程良い粘《ねば》りがあります。自分の手をかけたお米ですもん。愛情はありますよ」と東近江市（旧湖東町）のときめきグループ。米粉を捏《こ》ねる手にも愛しさがやどっている。

湖東地方ではひと昔前まで『ゆりこ団子』と呼ばれる焼き団子をおやつとして常食していた。〝ゆりこ〟とは不完全な形態をしたくず米のこと。このゆりこを粉にして熱湯で捏ねて蒸し、漬物や甘味噌、おから、鰯《いわし》の干物などを包み込んで、火であぶったものがゆりこ団子である（別の製法もある）。

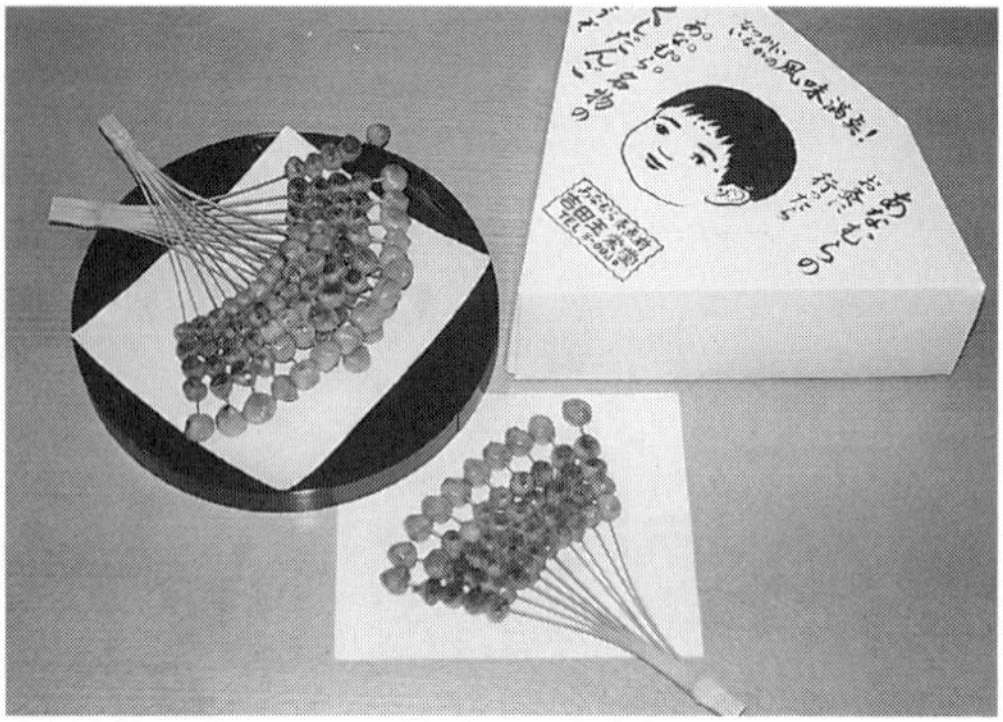

穴村名物の「くしだんご」吉田玉栄堂製

最近ではほとんどつくられなくなっていたこの団子を、ときめきグループのメンバーが『焼きだんご』の名称で販売している。

「昔ほどくず米は出ないけれど、今でも粒の小さな二番米を使っています。団子の生地の中に万木蕪《ゆるぎかぶ》（赤蕪）の自家製漬物を入れて蒸します。昔はおくどさんや風呂の残り火で焼いていました。お団子は灰だらけになるので、灰を吹いて落としたり、はたいたり…子供の頃は焼き団子のことを『フーフーパンパン』とも言うてました」。焼きだんごは、くず米を大切にする「もったいない心」と、おかずを包み「健康を願う心」を伝えてくれる。

　草津市穴村《あなむら》の吉田玉栄堂《ぎょくえいどう》の『くしだんご』（118ページ参照）も子供の健康を思う団子のひとつである。村には墨灸《すみきゅう》の診療所があり、かつては子供に灸を受けさせようと、親子連れが連日列をつくっていた。灸のあとの慰めにと、いつしか団子屋が出店するようになり、戦前には四軒の農家が団子を

形の美しい種幸商店の最中の皮（148ページ）

こしらえていたらしい。

戦後、いったん途絶えたこの団子を復活させたのが吉田玉栄堂である。竹の棒を扇骨《せんこつ》のように割《さ》いて、一本に五個の米の粉の団子を刺す。一番上の団子が大きめに丸められているのは、母の乳房を表しているからだという。

十数年前までくしだんごを『草木団子《そうもく》』と呼んでいたが、早穀祭《そうこくさい》に供える串団子の『そうもく団子』とつながりがあったのであろうか。

米製の供餞菓子《ぐせんがし》をヒントに、菓子屋の手によって地域の名菓となった例として、高月町高月の嶋津《しまづ》製菓店の〝まゆ玉もち〟があげられる。まゆ玉もちは、湖北の神事であるオコナイの餅花《もちばな》〝まゆ玉〟を参考にして考案された餅粉のお菓子であった。

色とりどりの麩焼煎餅や薄種。種幸商店製

菓子種に稲穂の風の香りを

最中の皮や麩《ふ》焼き煎餅の麩焼きを、〝菓子種《かしだね》〟という。菓子種はそれだけではお菓子にならない、いわば菓子材料のひとつである。京都などでは菓子種を製造する業者を〝種屋《たねや》〟と呼んでいて、菓子屋と種屋は分業されている。

湖南市下田《しもだ》には、最中の皮をつくる業者が集中していた時代があった。地元の記録『しもだ六百年』によると、明治末期に木田惣太郎という人が、京都の種屋で修業し、下田に種惣本店を開いたのが始まりだという。ほかにも京都で修業していた者もいて、下田は最中種の一大生産地になった。戦後の最盛期には十六軒の業者が主に家内工業的に最中種をつくっていたらしい。しかし昭和三十年代後半の大量生産の時代になると、すべて手作業であった下田の業者は採算が取れず、高齢化も影響して廃業に追い込まれた。

現在、下田に残った種屋は、種幸《たねこう》商店の一軒だけ。二代目

高田蛭子堂の麩焼煎餅「銀扇」

の野田季治さんは若いころに京都の種屋で修業し、下田にもどった。地場の滋賀羽二重糯を原料とし、糯米の製粉・蒸し・搗き・薄延ばし・型焼きなどを一人でこなす。焼きの作業をしているときは、香ばしい匂いが屋外にまでたちこめる。

また、もとは下田で種屋を営んでいた種新《たねしん》は、甲賀市水口町八田《はった》に工場を移して生産の合理化をすすめ、商品開発に力を入れて販路を拡大している。最中の皮の原料は、一〇〇パーセント糯米であり、種新は甲賀市の滋賀羽二重糯を使用。機械化されたとはいえすべての工程を一貫して行う下田最中種の製法を踏襲《とうしゅう》している。

麩焼きは、餅種を二枚の鉄板にはさんで、微妙な力加減によって焼き上げる煎餅種だ。特殊な技術が必要なためお菓子屋では製造できないものであるが、東近江市西中野町の高田蛭子《えびす》堂では秘伝の製法で、麩焼きの製造段階から手がける『銀扇《ぎんせん》』という麩焼き煎餅の名菓をつくっている。

あくまで蒲生《がもう》産の滋賀羽二重糯にこだわり、石臼で搗いて

粳米の粉でつくる「きなこ団子」

製粉し、何度も篩《ふるい》にかけてきめの細かい粉にする。米の風味をこわさないためには、米の水分の状態を把握し、製粉時に加わる熱に配慮するなどの細心の注意が必要なようだ。
銀扇は麩焼きにすり蜜をかけた、きわめて軽やかな煎餅だ。パリッと割った時に香り立つのは、まぎれもなく稲穂をそよぐ風である。

小ぶりの「ふな焼き」に小豆や白いんげん豆を加える

麦のお菓子の今昔

転作の麦

近江の平野を青々と染めていた麦畑が、深い黄金色に変わり収穫の時期を迎えると、本格的な夏の訪れはもうすぐだ。滋賀県の麦栽培のほとんどが、米の生産調整による転作である。平成十七年度の麦の収穫量は一万八一〇〇トンで、うち小麦が一万七二〇〇トン。近畿で有数の生産高を誇り、全国的にみても滋賀は麦の主産県のひとつになっている。

しかし、品質面では課題もある。滋賀産の小麦は主にめん類の原料になるのだが、品質の基準になるたんぱく質含有量が標準よりも低い上に、色目や粘着度にも問題があるようだ。

そこで現在、県下全域で「売れる麦づくり」が推進されている。

和菓子に使用する麦の多くは小麦粉で、主に中力粉《ちゅうりきこ》と薄力粉《はくりきこ》が使われる。数年前までは、滋賀産の小麦は県内の製粉会社で製粉されていたのだが、今は県外に委託されるようになった。もともと県内の小麦粉がお菓子に使用されることは少なかったとはいえ、和菓子の材料の理想を地産地消《ちさんちしょう》だとする私にとっては、残念な状況ではある。

日野商人宅の麦菓子

昔から近江では稲作が中心で、小麦は水田の裏作として栽培されてきた。昭和二十年代ごろまでは、自家栽培の小麦はホームメイドのお菓子の重要な材料であった。日野商人の番頭を勤めた山口家四代目の妻サトさんは、明治四十三年生まれ。サトさんに戦前のようすをうかがった。

日野町の山口サトさんと堀登茂さん手製の小麦粉のお菓子。手前から「松葉」「すいとん」奥の皿の手前は「ふな焼き」後ろは「イシパッパ」

「麦を刈り取ったら、古い蚊帳《かや》に吊るして干します。その麦を床几《しょうぎ》の上にのせて叩くと、皮が飛び散って実だけが残ります。この実を石臼で挽《ひ》いて粉にしました。麦の皮はフスマといって、戦時中にはこのフスマも小麦粉に混ぜて使いました」

サトさんは祖母や母、自らが手づくりしてきた小麦粉のお菓子を懐かしく振り返る。

小麦粉を耳たぶぐらいの軟らかさに練って、スプーンですくって沸騰した湯に落とすと『すいとん』が茹《ゆ》で上がる。もっとも簡単な小麦粉のお菓子だ。半透明のすいとんの上にひとつまみの砂糖を置く。食べてみると、プルプルした感触にほんの少しの甘味が広がる。

ゆかいな名前のお菓子『イシパッパ』もつくっていただく。小麦粉に塩を少し入れて水で溶き、サイコロ切りにしたサツマイモを加える。蒸し器で蒸した後、フライパンで表面がパリパリになるまで焼く。昭和二十年代ごろまではフライパンではなく、鉄製のほうらい（ほうろく・炒《い》り鍋・平鍋）をおくどさん（かまど）にかけて焼いていた。

ほうらいの他にも、たこ焼き器のように丸いへこみのある鉄鍋が各家庭にあったという。水で溶いた小麦粉の生地をへこみに流し入れ、中央に小豆餡を入れて焼く。これを『ちょん焼き』と呼んだ。

煎餅もボーロも自家製だった。『松葉』は小麦粉に砂糖と塩、炭酸を加えて水で練った生地を、短冊《たんざく》に切り真ん中に切れ目を入れて松葉のように形づくる。上に卵黄を塗って焼く。オーブンがない時代は、炒り鍋の上に鉄の蓋をして、蓋の上に炭を置いて両面から焼けるようにしていた。

他にも小麦粉の手製のお菓子として、丁稚《でっち》羊羹や外郎《ういろう》をつくることもあった。

また、兜の形をした味噌風味の『かぶと煎餅』（冨貴堂）や小判型の焼き饅頭『みょうと焼き』（みょうと屋）など、今はなき日野の菓子屋の名物にも小麦のお菓子があったという。

「イシパッパ」をつくる

〃ふな焼き〃へのときめき

滋賀県のいたるところで「昔のおやつといえば、かきもちや〃ふな焼き〃だった」と何度も聞いてきた。近江におけるもっとも日常的だったお菓子のふな焼きだが、昭和三十年以降に生まれた人には、ほとんど知られていない幻のお菓子だ。「小麦粉に砂糖、少しの塩と炭酸を加えて水で溶き、ほうらいに油をひいて両面を焼いただけのお菓子ですよ。形はお好み焼きのように丸くて平たい。戦時中は砂糖がなくて塩味だけでしたが、それでも上等なお菓子でした」と日野の旧家で育った堀登茂《ほりとも》さん。

またふな焼きは、小麦粉種に黒砂糖や味噌、蓬《よもぎ》などを混ぜて焼いたり、味噌餡や小豆餡を巻き込んだ食べた方もあると聞いている。地域や家によってさまざまなレシピや食べ方があるようだ。

さらに、ふな焼きにはロマンを感じていることがある。千

千利休が好んで茶会に用いた「ふのやき」と「焼き栗」

利休好みといわれる『ふのやき』に名前も製法も似ているからだ。

天正《てんしょう》十八年（一五六〇）八月から翌年の一月までの『利休百会記』をみてみると、お菓子の記述のある八十八会のうち六十八会にふのやきが使われている。『雍州府志』貞享元年（一六八四）によると、ふのやきとは小麦粉を水で溶いて、熱した鍋で薄く焼き、味噌を塗って巻いたお菓子とされている。

ふのやきとふな焼きが同意語かどうか不明だが、利休のわび茶の精神が菓子として選んだふのやきは、近江の素朴なふな焼きに相通じていることに間違いはないと思う。

〝がらたて〟の名はさまざまに

五月から七月初旬に収穫する麦は、夏の五穀の恵みである。仏事や神事に麦の団子を供物とするところもあるだろう。

初夏のお菓子「がらたて」。吉田松翁堂製

新麦を使ったメリケン粉団子のうちで、近江でもっともよくつくられてきたのが『がらたて』だ。ガラタテとは植物のサルトリイバラの俗称で、地域によってはガラタチ、サンキライともいう。初夏に黄緑色の丸い葉をつけ、この葉を用いたお菓子をがらたて餅、さんきらい餅、さんきら餅、いばら餅などと呼ぶ。滋賀ではがらたてと呼ぶことが多い。西日本の中には五月の端午《たんご》の節句や六月の夏越《なごし》の祓《はらえ》、半夏生《はんげしょう》の日にサルトリイバラの葉を用いた団子を食べる習慣があるという。

滋賀、特に湖北において、がらたては農家で一般的につくられてきた。初夏の恵みの穀物と葉を組み合わせた、ごく自然な成り立ちの季節菓子なのである。小麦粉をドロドロに溶いた中に餡玉を入れてからめ、付近で採ってきたガラタテの葉の上に置く。このメリケン粉団子の上にさらに葉をのせて蒸籠で蒸して仕上げる。

現在はがらたてを家でつくることは少なく、お菓子屋の仕事になった。ガラタテの葉を採集する人もいなくなり、ほとんどが外国産の塩漬けの葉を使用。自家製の場合は小麦粉だけで皮をつくっていたが、お菓子屋では餅粉や砂糖を加えて適温の湯でこねるなど、食感を工夫している。菓子職人の技でがらたては品の良いお菓子になったが、メリケン粉団子独特の歯ごたえや、葉のむせかえるような夏の香りは残されている。

職人技が光る麦菓子

小麦粉を使用した近江の代表的なお菓子に、丁稚羊羹と外郎がある。丁稚羊羹は漉餡と小麦粉、砂糖をこね合わせ、竹の皮に包んで蒸籠で蒸し上げたもの（56・60ページ参照）。

外郎には小麦粉製と米粉製がある。麦粉製の外郎は、小麦粉と砂糖だけでつくる簡素なお菓子だ。それだけに味わいを出すのが難しい。長浜市元浜町の藤本屋では、少量の葛粉《くずこ》を

夏の焼き菓子、藤屋内匠の「大鮎」

加え、井戸水を使用している。「小麦粉自体の味は薄く、その分砂糖など他の材料の風味を際立たせることができる素材だということです」と四代目の河路芳昭さん。米の風味をいかに出すかに苦心する米粉製の外郎とは逆の発想が必要になるのだ。

小麦粉を用いた焼き菓子となると、その種類はきわめて多い。饅頭の皮のほとんどに小麦粉が使用されているのだ。また夏場の焼き菓子の代表の『鮎《あゆ》』の皮にも小麦粉を使う。一般的に鮎は、調布《ちょうふ》の皮で求肥《ぎゅうひ》の餅を包み鮎の形に整えたお菓子で、さすがに湖国の近江では多くのお菓子屋が独自の鮎を調製している。

大津市北大路の大塚文誠堂の『若鮎』は、同量の小麦粉と砂糖、卵を合わせ、さらに蜂蜜とみりんを加えて調布の生地をつくり、半日以上寝かせた上で焼く。当主の大塚文雄さんは三十年以上も愛用しているという真鍮《しんちゅう》のしゃもじ一本を操り、生地をすくって鉄板に広げ、調布を焼き上げていく。

大忠堂の「大津絵煎餅」を焼く

鮎以外にも三笠《みかさ》やカステラなどの焼き菓子の上手な菓子職人だ。
　煎餅の生地の主原料も小麦粉で、近江にちなんだ煎餅が数々ある。大津市の大忠堂の卵煎餅『大津絵煎餅』は、十種類の大津絵の焼き印が押してあり、大津の名物の一つになっている。
　長浜市の大正楼《たいしょうろう》は大垣煎餅（味噌煎餅）の技をもつ県内では数少ない店で、長浜の土産用には卵煎餅の『曳山せんべい』などを焼いている。「大垣煎餅は強力粉、卵煎餅は薄力粉を使います。煎餅の種類や厚みだけでなく、気候によっても生地の配合や溶き方、火加減などを変えます。それを勘でできてこそ、職人というものです」とご主人の上野林五さん。
　今なお手焼きにこだわるのは、木之本町で三代続く谷せんべい舗。浄信寺《じょうしんじ》の木之本地蔵にちなんだ『谷の地蔵せんべい』は、膨張剤を添加しない卵煎餅で、締まった歯触りに特徴がある。噛めば噛むほど旨みが増す。

近江の煎餅。右から「丸子船」（みつとし本舗）「曳山せんべい」（大正楼）「大津絵煎餅」（大忠堂）「谷の地蔵せんべい」（谷せんべい舗）

西浅井町のみつとし本舗では、ピーナツ煎餅の『丸子船』だけを焼いている。砕いたピーナツをふんだんに使い、蜂蜜で甘味に変化をつけた丸子船は、全国にファンを持つ味自慢の煎餅である。

はったい粉の復活を

最後に、幼心に残る麦のお菓子を取り上げたい。

はったい粉を口に含んで、不覚にも笑ってしまうと、口から粉が吹き出てしまった経験を誰もがもっているのではないだろうか。はったい粉は大麦や裸麦などを精白して焙煎《ばいせん》し粉《ふん》砕《さい》したもので、いり粉や麦こがし、香煎《こうせん》などと呼ばれる。昔は鉄の鍋で麦をきつね色に炒り、石臼で粉に挽いた。台所の土間に香ばしい香りが漂う作業だった。

はったい粉に砂糖と少量の塩を混ぜては、よくおやつにしたものだ。すぐむせてしまうので、熱湯でこねて食べることも

はったい粉に砂糖を加えて、熱湯や番茶で練る

多かった。こんなお菓子を食べる子供は、もういないかもしれない。

高月町の渡岸寺《どうがんじ》有志会の面々が『かみこ』を地域のお菓子としてつくったのは、今から十年あまり前のこと。このあたりでははったい粉をかみこと呼んでいたという。転作で栽培した小麦と大豆に玄米を加え、会員が製作した鉄鍋で炒って、石臼で粉に挽いた。平成六年、かみこは滋賀県観光土産品審査会で、菓子業者の出品作を押しのけて知事賞を受賞した。

麦粉を使った飴も懐かしい。湖南市のグリーンファーム香清《こうせい》の人気商品『げんこつ』は、水飴にはったい粉と香りづけの生姜《しょうが》を練り込んでつくる。仕上げにきなこをまぶすことで、煎った麦粉と大豆粒の香りが引き立て合う。

地産地消の心ばえ、麦のお菓子はしっかりと近江の風土に生きている。

手前がマキノの大納言小豆（選別前）、奥が北海道の「雅」。亀屋森吉にて

愛しの近江の小豆と最中の名菓

和菓子用の小豆づくり

小豆《あずき》は和菓子の材料の華である。華のある味、華のある色形、華のある地位のために、和菓子屋は小豆の質や銘柄にこだわる。内地産の代表である北海道小豆、大納言《だいなごん》小豆の高級品として名高い丹波《たんば》大納言、希少な備中《びっちゅう》の白小豆《しろしょうず》などが、上生菓子を手がける和菓子屋で競うように求められている。

平成十五年度の国内小豆の収穫量は五万八八〇〇トン。うち北海道産が八割以上を占めている。滋賀県では作付面積八十ヘクタールに収穫量六十一トン。そのほとんどが農協を流通しない自家用の栽培か、個別の和菓子屋との契約栽培の小豆である。地域的にみると、浅井町が十六トンと多く、次いで今津町の六トン、マキノ町の三トンと続く。

浅井町では農家が〝浅井町小豆生産組合〟を組織し、昭和五十八年より大津の大手菓子屋叶《かのう》匠《しょう》壽庵《じゅあん》の契約栽培として、大納言小豆をつくり続けてきた。

「小豆は以前から栽培されていましたが、ほとんどが自家用で販売目的ではありませんでした。転作田を活用しての栽培ですから、必ずしも栽培条件の良い農地ばかりではありません。天候にも左右され、大変手間がかかります」と組合長の北川義象《よしかた》さん。

小豆の種蒔《ま》きは七月後半の好天の日に行われる。播種《はしゅ》を前にして土づくり、排水溝づくり、畝立《うねたて》などの作業に精を出す。マメ科の植物は病害虫に弱く、またハトやカラスなどの鳥害も受けやすいため、こまめに防除を心がけなければならない。収穫は十一月の上旬。小豆は一度に実が熟さないため、三、四度にわけて手で莢《さや》をもぎ採ることになる。莢のまま天日で

田口製菓舗に持ち込まれた高島産の小豆

数日間乾燥させて脱穀。小豆栽培は気苦労の多い作業で、実はここからがまた大変なのだ。

小豆は篩《ふるい》や唐箕《とうみ》で粗《あら》選別されたあと、小豆選別機や色彩選別機で大きさや色などを分類し、さらに手作業で白っぽい衣小豆などを取り除く。「すべての出荷が終わる二月まで、小豆の選別は冬場の手仕事です」と。

毎年八十戸前後の農家が栽培しており、良い年は三十トン近く出荷できたこともあるが、近年は反収が落ち込み、半減の状況だという。北川さんは「出荷先の叶匠壽庵は、こだわりをもって和菓子を製造されていますので、原材料の小豆も、こだわって栽培しなければなりません」と品質向上に努める。目標は〝浅井大納言小豆〟のブランド化だという。

近江大納言小豆の誕生を夢見て

浅井町以外の近江の小豆のほとんどは、栽培農家の自宅で

地元の小豆を使用した田口製菓舗の「ガリバーもなか」

消費されている。余った分を和菓子屋に持ち込まれることもあるのだが、なかなか商品としては成り立たない。

　問題のひとつは豆が選別されていないということだ。サイズや品質などによって、和菓子屋は小豆の炊き加減を変えるので、等級が統一されていなければならない。また餡にするには、ある程度の量も必要だ。ともかく絶対量がたりない。小豆は晩秋に収穫され、翌年の梅雨時期と夏場を越すことになる。自家用の小豆は無農薬で栽培されることも多く、梅雨に虫が発生しやすいことも、商品になりにくい理由のひとつだ。

　高島市勝野の田口製菓舗は、地元高島市の小豆を中心にして餡を炊く数少ない和菓子屋の一軒。

「高島町や安曇川町、朽木の農家の人が、一升瓶やペットボトルに詰めた小豆を持ち込まれます。私の方で一粒一粒を選り分け、大きい豆で粒餡を、小さい豆で漉《こし》餡を炊いています。夏場に向けては、小豆を真空パック詰めにしたり、冷蔵庫で

地元の小豆を使用した亀屋森吉の「菊もなか」

保管したりして品質を保持しています。地元の小豆の中には皮の硬いものの、実に芯《しん》があるものもあり、餡にするには扱いにくいですが、経験をたよりに炊き上げています」と三代目の田口守さん。

同じく高島市マキノ町沢の亀屋森吉でも地元の小豆も使用している。二代目の峯森治朗さんは主菓子から赤飯までを手がける腕ききの和菓子職人だ。

「減反《げんたん》の田や畦で栽培された大納言を、農家の人が持ってこられます。滋賀の地で育った大納言は、他の地域のものよりも大粒のように感じます。風味も悪くありません。ただ家によって小豆の状態が違うのです。また虫食いや中身が空洞の小豆もあり、二割ほどは使えません。うちでは地元の小豆は冬場のうちに使い切っています。」

亀屋森吉の代表菓のひとつ『草もち』は、自分の田で収穫した糯米の羽二重と、マキノの野山に芽吹いた蓬《よもぎ》の新芽を使用している。地産を大切にする峯森さんは「まとまった量があれば、地元の小豆百パーセントの和菓子も可能なのですが……」と残念そう。

滋賀の和菓子の老舗数軒で「高島市では昔から良質の大納言が採れるとのことですよ」と聞いた。また京都の和菓子屋が湖西北部の大納言を求めているともいう。しかし、滋賀産の大納言として独立認知されるには、まだまだ道のりは遠そうだ。

〝近江大納言小豆〟のブランドとともに、近江大納言小豆の名菓の誕生の日を、ひたすら待ちわびる私である。

なお、近江の小豆の文献での初見は江戸初期の正保《しょうほう》二年（一六四五）刊『毛吹草《けふきぐさ》』とされる。中期の享保《きょうほう》十九年（一七三四）の『近江輿地志略』には「土産第三　坂田郡」の章に「小豆　米原の出す所こもかぶりと號す其色淡黒にして紫色を帯ぶ味美也」とある。湖北や湖東を中心にして、お土産になるほどの美味なる小豆が栽培されていたらしい。

最中の皮に餡を詰める作業。
木元製菓舗にて

小豆餡のうまい名物の最中

小豆の品種は約五十種と多く、主なものには大納言や円葉などがある。和菓子屋で使われる滋賀産の小豆のほとんどは、大粒の大納言小豆だ。

大納言に対して小粒の小豆は漉餡に加工されることが多い。水に浸した小豆をシブ切りし、軟らかく煮て、粉砕してから篩《ふるい》にかけ、餡粒子になったものを丁寧に水に晒《さら》し、水切りして生餡に仕上げる。ここまでの漉餡製造の作業を、機械化された製餡業者の専門技術に任せているお菓子屋が多い。和菓子屋は製餡業者から購入した生餡に、砂糖などを加えて練り上げ、店独自の和菓子に合った練餡に仕上げるのである。現在、日本製餡共同組合連合会に所属している滋賀県の製餡業者は七軒。餡一筋に、主に北海道の小豆を用いて製餡しているという。

一方の大納言は甘味などの風味に富み、皮が柔らかいにも

粒餡に定評のある鶴里堂の「鶴里最中」

木元製菓舗の「どんべもなか」

かかわらず、煮くずれしないところから、主に粒餡に用いられる。和菓子屋の多くが粒餡を炊いていて、店によって糖度や煮詰め具合などに違いを出す。それぞれの粒餡の個性を味わうのに〝最中〟はもっとも手ごろなお菓子であろう。

「父が五年前に亡くなりまして、家業をどうしようかと迷いましたが、なんとか母と二人で餡を炊き『どんべもなか』を絶やさないようにしています」と湖北町山本の木元《きもと》製菓舗の木元美紀子さん。北海道大納言をザラメで炊き、寒天と水飴を加えることで艶やかな餡に仕上げている。

どんべもなかの〝どんべ〟とは、琵琶湖で採れた鮎や鰻《うなぎ》を入れておく籠《かご》のこと。漢字で書くと〝屯平〟で、余呉川で漁をしていた屯平翁にちなんで名づけられたとか。今はほとんど見られなくなったどんべ籠の姿を、どんべもなかが懐かしく再現してくれる。

米どころの愛知川町愛知川のしろ平《へい》老舗は中山道の茶店として慶応元年（一八六四年）に創業した老舗。名物といえば、

知る人ぞ知る湖北の名最中、勝進堂の「湖宝」

俵《たわら》型の最中『米どころ』である。大納言小豆を白ザラなど四種の砂糖でじっくりと煮込んだ餡が自慢だ。地元の羽二重餅を練り上げた求肥が、餡の中央にしのばせてある。餡から出た水分で程よく馴染んだ最中皮と餡、求肥の食感を一体化した職人技の最中である。

大津市の鶴里堂の『鶴里最中』は、客の注文を受けてから皮に餡をはさんでくれる。皮の香ばしさと餡の風味の豊かさは抜群。丹波大納言をグラニュー糖や白ザラですっきりと炊いた餡は、最中を高級品のお菓子にまで高めている。

全国的に一世を風靡した最中のひとつに近江八幡市のたねやの『ふくみ天平《てんびん》』がある。求肥を包む餡は北海道の襟裳《えりも》小豆で、瑞々《みずみず》しい味わいが特長。餡と皮を別袋にした手づくり最中の草わけでもある。

知る人ぞ知る最中の名品に西浅井町大浦《おおうら》の勝進堂の『湖宝』がある。大納言小豆の形を見事に残した餡がぎっしりと詰まっている。勝進堂と同じく大浦には、大納言をたっぷりと使

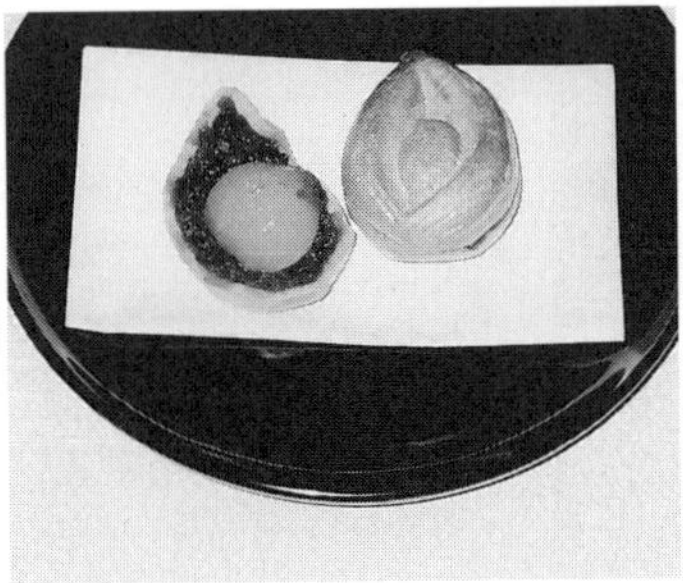

今津の代表銘菓「ざぜん草最中」

大納言小豆のうまい正治郎の「北湖」

った正治郎の『北湖《ほっこ》』があり、遠くから買いにくるファンもいるという。

ほかにも、座《ざ》禅草《ぜんそう》で有名な高島市今津町のざぜん草最中菓友会の『ざぜん草最中』、湖南市岩根にある国宝・善水寺に湧く清水でつくられるかね福商店の『善水寺もなか』、織田信長愛刀の鉄鍔《つば》を型取った安土町常楽寺のまけずの鍔《つば》本舗万吾楼の『まけずの鍔』それから…と、滋賀県の名物最中は数知れず、近江最中地図が完成しそうだ。

昔のお菓子は果物や木の実、草の実だった

木ノ実草ノ実の和菓子

まずは果物ありき

日本のお菓子の歴史は、果物（草の実、木の実）から始まる。わが国初の分類体辞書の承平《じょうへい》年間（九三一〜九三八）の『和名類聚抄《わみょうるいじょうしょう》』によると、橘や梅、柿、苺、瓜、栗、榧《かや》などの実が「久多毛能《くだもの》」「久佐久太毛能《くさくだもの》」としてあげられており、お菓子を意味していたと思われる。

　果物をお菓子として供していた時代は長く、その名残なのか、今でも食後のフルーツが「水菓子」と表記されている。現在は果実そのものを和菓子と扱うことは稀だが、果物を加工したお菓子は多い。

神饌にも用いられる干し柿と勝栗。春日神社の祭礼〝しゅうじ〟にて

人の知恵と技術によって果物がお菓子に仕上げられた伝統的なものに干し柿がある。平安初期の宮中の行事や制度を記した『延喜式《えんぎしき》』には、菓子類として熟柿《じゅくしがき》とともに干し柿があげられている。

少なくとも江戸時代には、近江は干し柿の産地として知られていたようだ。宝永五年（一七〇八）の『大和本草《やまとほんぞう》』によると、近江は美濃とともに「柿最多シ」とされ、正徳《しょうとく》四年（一七一四）の『近江名所図会《ずえ》』や元禄年間（一六八八〜一七〇四）の『淡海《おうみ》録』に長浜の『つり柿』、『近江輿地志略』には信楽の『良柿』があげられている。

干し柿は各家庭でもつくられるポピュラーなお菓子だが、江戸時代からの製法を伝承し、干し柿の産地として知られている所に米原市（旧近江町）日光寺の日光寺がある。

柿の天日干し（写真提供：大林宗夫）

日光寺の干し柿「あまんぼう」

日光寺は伊吹山の山おろしの寒風と日当たりの良さから、干し柿の生産に適していて、ここで出来る干し柿は『あまんぼう』と呼ばれていた。その名のとおり、甘味に富んだ干し柿だった。

あまんぼうがいつごろから生産されるようになったのかははっきりせず、『近江町史』では「幕末ころより村の基幹産業として定着していたようだ」とあった。ところが近年、村内の大林家から天保十四年（一八四三）の『生ま柿之覚帳』と安政五年（一八五八）の『生柿仕入覚帳』の古文書が発見され、江戸後期にはすでに干し柿の生産が行われていたことが証明された。

『生柿仕入覚帳』によると、柿の仕入先は近隣の村々に及んでおり、地元の柿だけではまったく量がたりなかったようである。その生産高は明治十三年の『滋賀県物産誌』に一万三

柿屋で干す「あまんぼう」（写真提供：大林宗夫）

〇五六貫（約四九トン）、総価格は一五三四円とある。米原市近江はにわ館では「米一俵の値段が四円くらいした頃の一五三四円というのは、農閑期《のうかん》を利用しての副業にしては、かなりの収益になっていたのではないでしょうか」と説明する。

干し柿にはブドウ糖を主成分とした強い甘味がある。砂糖が貴重だった昔から飽食の現在へ、干し柿は時代とともにだんだん見向きされなくなり、日光寺のあまんぼうの生産も激減した。

あまんぼうが再びよみがえったのは、平成八年のこと。「昔ながらの風景を復活させ、地域の活性化につなげよう」と干し柿保存グループのサンワークスが結成された。

あまんぼうは日光寺独特の柿屋と呼ばれる干し台に吊るされてつくられる。柿屋は頑丈な柱による高床式の藁葺《ぶ》きの小屋で、最盛時には三十棟以上にも及ぶ柿屋が、村に立ち並んでいたという。

干し柿用の渋柿の収穫は、十一月上旬。皮むきした柿を紐《ひも》

特産品の秀品、柿くずしグループの「柿くずし」

の先端に一個ずつくくってつなぎ、柿屋の干し竿《ざお》に吊るす。二、三週間後に、種子ばなれと乾燥を早めるために「柿もみ」をし、その後、筵《むしろ》の上で昼は寒風にあて、夜は小屋に入れて筵をかぶせる。これを繰り返すと、柿の表面に白い粉がふいて、十二月の中ごろに完成する。

サンワークスでは毎年、夏場に柿の生育状況を確認して柿屋の大きさや数を決めるという。

近江女の情か「柿くずし」

干し柿に手を加えてお菓子にしたものに、柿羊羹や柿巻きがある。近江自慢の柿巻きといえば、平成元年に大津市の特産品コンクールで最優秀賞を受賞した『柿くずし』だ。森恭子さんを中心とした柿くずしグループが開発したもので、干し柿本来のうまみを生かした本格的なお菓子である。

柿くずしの完成までには、なんと四、五ヶ月を必要とする。

十一月に収穫した渋柿を、家の軒下で干すこと二ヶ月。焼酎にくぐらせ殺菌するとともに柔らかさをもたせ、種を取り除く。約十二個の干し柿に、刻んだ柚子《ゆず》の皮を加えて簀《す》巻きで巻いて棒状にし、竹の皮で包み、藁紐で丁寧にしばって固定させる。そのまま二、三ヶ月なじませてやっと出来上がり。使用する藁紐も手製で、一本の柿くずしをしばるには十メートルほどの紐が必要になる。ラベルには「近江女のあつき情や柿くずし」の句が綴られているのだが、確かに情をこめなければ完成しない手間暇をかけたお菓子だ。

「お茶席のお菓子にもなるし、オードブルの一品にもなります。どこに出しても恥ずかしくないお菓子だと思い、手間がかかりますがつくり続けています。悩みは後継者不足。当初は六、七名いたメンバーが高齢化などで半分に減りました」と森さん。

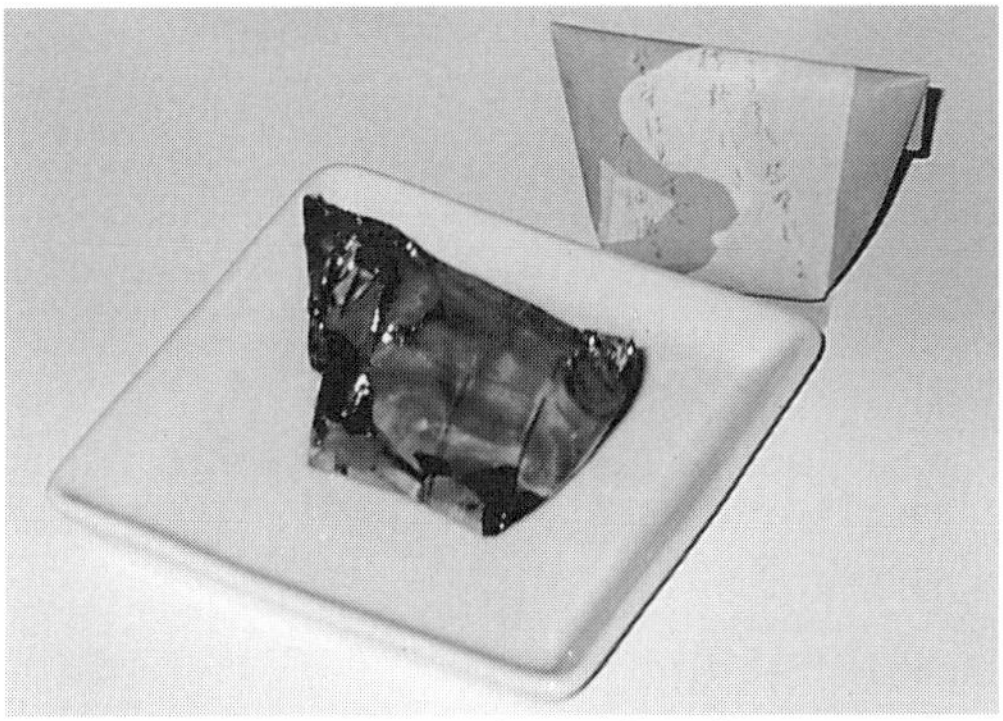
自家栽培の梅を使用した叶匠壽庵の「標野」

フルーティーな和菓子いろいろ

滋賀県の大手のお菓子屋のなかには、自らが栽培した作物を素材にして、お菓子をつくるところがある。

大津の叶匠壽庵は、大津市の南東に位置する大石の里の丘《きゅう》陵地《りょうち》約六万三千坪に「寿長生《すない》の郷《さと》」を拓き、ここで独自の和菓子の世界を展開している。農工一体のお菓子づくりを目指す叶匠壽庵は、寿長生の郷に四・五ヘクタールの農園を持つ。ここで育てられる梅や柚子などは、すべて製菓に使われる。梅園には、約千本の城州《じょうしゅう》白梅を栽培され、毎年約十トンを収穫する。手摘《づ》みされた完熟の梅はじっくりと寝かされて、甘露となった実やエキスは『郷の氷室《ひむろ》』や『標野《しめの》』『花あんず』などのお菓子に使われている。

自家農園ではないが、地元の土地から生まれた果物をお菓子に取り入れている例も多い。

高島市マキノ町の果樹園のマキノ町農業公園マキノピック

ブルーベリーを用いた亀屋森吉の「ぶるーべりぃー羽二重」

ランドは、農薬と化学肥料の使用量を減らし、環境に配慮した『滋賀県環境こだわり農産物』の生産に取り組んでいる。ここで収穫された果物を和菓子に生かしている店の一軒に亀屋森吉がある。

ピックランドのブルーベリーを使用した『ぶるーべりぃ羽二重』は、お茶席のお菓子としても映える。もぎたての大粒のブルーベリーを三個、白小豆の漉餡と合わせ、薄紫色に染めた羽二重餅で包んでいる。ブルーベリーの香りと酸味が、上品な白餡と溶け合い、羽二重餅の口解けとも調和させた技能は、森吉の匠の技である。ピックランドの前身は栗園であるが、旬の栗を入れた森吉の丁稚羊羹も好評だ。

果物の生産と品質管理に力をそそぐ守山市にも特産品を使用したおいしいお菓子がある。守山商工会議所と地域産業振興会が販売元となっている『ほのか』は、地元の若狭《わかさ》屋が製菓している。若狭屋は花や野菜などをかたどった茶席用のお菓子を得意としているが、ほのかはぶどうの形を模した焼き

守山のぶとうを用いた若狭屋の「ほのか」

菓子。干しぶどう入りの黄身餡を桃山《ももやま》の生地で包み、表面に焼き目をつけている。この干しぶどうが守山産のぶどう。黄身餡に漂うぶどうのほのかな香りから菓名がつけられたのだろうか。

季節限定でJAおうみ冨士守山営農センター直売所で販売される『モリヤマイチゴ大福』は、あまたある苺大福の中でも秀品だ。モリヤマイチゴは大粒で甘味が高く、贅沢な苺として人気がある。収穫期は十二月から翌年の一月までで、モリヤマイチゴ大福もこの期間に限定される。製造を任されているのは、守山市のお隣の野洲市の多胡製菓。モリヤマイチゴ大福は、苺と白餡を羽二重餅で包んだみずみずしい味わい。かすかに透ける苺の色が美しい。

滋賀羽二重糯を使用したのし餅やかき餅にも、果物や木の実を加えることで、味覚のバリエーションをつけられているものがある。甲賀市甲賀町の甲賀もちふる里館の『五色《ごしき》もち』の一種には、地元のみかんが加えられている。また米原市上《かみ》

伊吹野のそば菓子のいろいろ

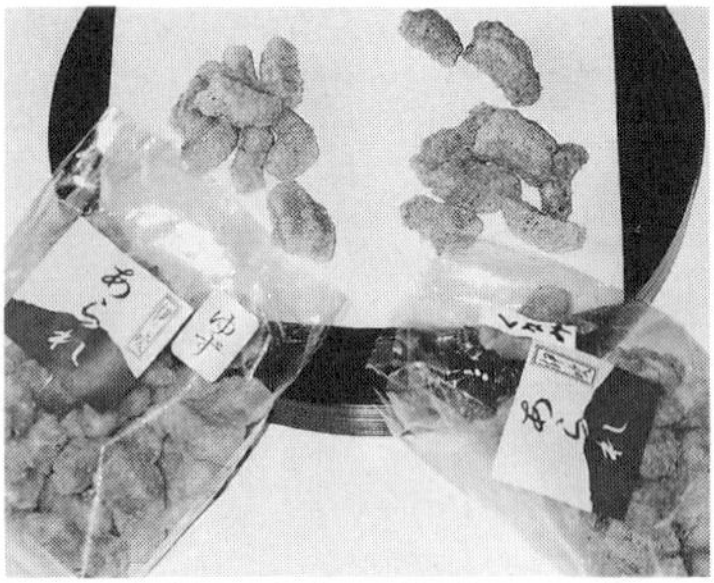

上板並漬物加工組合の「伊吹あられ」

板並《いたなみ》の上板並漬物加工組合の『伊吹あられ』には八種類の味があって、代表の草野久江さんの畑で採れる柚子や、伊吹山で採取された胡桃《くるみ》を使用。ひと味違う餅の揚げ菓子となっている。果物を使用するのは、和菓子よりも洋菓子の方が得意なのだろう。高月町のスイカゼリー、米原市の柿ゼリーをはじめケーキやクッキー、ジェラートなど果物のスイーツは数限りない。

救荒食を和菓子に高めて

山間のやせ地にも育つ植物は、救荒《きゅうこう》食用として大切に栽培されてきた。蕎麦もそのひとつ。

蕎麦の栽培は伊吹町の伊吹山で始まり、木曽や甲斐、信濃の国に伝わったともいわれる。蕎麦発祥の地で、伊吹蕎麦に情熱をかたむけるのが蕎麦屋の伊吹野。無農薬での蕎麦の栽培から製粉、伊吹山麓の霊水による蕎麦打ち、蕎麦の調理までを一貫して行っている。

雲洞谷栃餅保存会の「栃餅」

ここでは蕎麦粉を使った蕎麦菓子の製造も手がけられている。伊吹産羽二重糯を使用した『そば大福』やかきもちの『昔むかし』『そばまんじゅう』『そば焼』など、できるだけ地元の産物を生かしたお菓子づくりに心をくだいている。

古くは養老六年（七二二）に諸国での蕎麦の栽培について『続日本紀《しょくにほんぎ》』が伝えているが、縄文のころより食べられていたものに栃《とち》の実《み》がある。滋賀の栃の実のお菓子としてまず思い出されるのが、高島市朽木の『栃餅』。

栃餅は雲洞谷《うとうだに》の雲洞谷栃餅保存会でつくられている。今でこそ栃の実は珍しく、栃餅の風味が珍重されるが、雲洞谷では糯米の代用品として利用されてきた歴史がある。したがって糯米の増産によって、栃の実は無用となり、雲洞谷でも長らく栃餅がつくられなくなっていた。再現されるきっかけとなったのは、平成元年の一村一品運動。

栃餅のラベルには「朽木の山の木立のなかで　栃の実拾ってもちかえり　ちょっと集まりついた餅」とあるが、栃の実

朽木の栃の実を使ったお菓子いろいろ

は非常にアクが強く、実はアク抜きこそ一番に手間のかかる作業なのだ。

秋、山で拾ってきた栃の実は、数日間水に浸けて虫出しし、筵に広げて乾かす。再び水に浸すこと一週間。熱湯で温めながら外皮をむく。渋皮を残した状態になった栃の実を川に数日間さらし、苦味の原因であるタンニンを洗い出す。この栃の実に楢《なら》の木灰《きばい》を混ぜ、熱湯を注いでこね合わせ一晩おく。翌日、水洗いをしながら渋皮を剥《は》いで、アク抜きの工程がやっと終わる。

アク抜きされた栃の実は、糯米と一緒に蒸されて餅つきされる。優しげな手仕事で丸められた栃餅は、わずかな苦味と甘味、自然界の懐かしい香りに満ちている。色は黄土色。その昔、真っ白なお餅に憧れながら食された栃餅は、今や深山の人々の誇りとなって、朽木の朝市などに並ぶ。

故郷の自然界の恵みや手塩にかけた果樹を、お菓子にする愛しさこそ、地産地消の和菓子のかけがえのない味わいである。

坂本の日吉茶園

近江茶と和菓子の世界

近江茶を使った和菓子あれこれ

和菓子のそばにはいつもお茶がある。お茶の香味がお菓子を選び、和菓子の種類がお茶を求める嗜好の世界。近江のお茶とお菓子の関係を味わってみたい。

滋賀県は言わずと知れた茶産地だ。その歴史は古く、わが国の茶業発祥の地ともいわれる。平安遷都の間もないころ、伝教大師《でんきょうだいし》最澄《さいちょう》が、唐の国より茶の種子を持ち帰り、比叡山《ひえいざん》山麓の坂本で栽培したのが最初との説があるのだ。

最澄ゆかりの日吉《ひよし》茶園は現在、京阪《けいはん》坂本駅のそばの畑で、ゆかしく茶の木の緑をたたえている。日吉大社によって管理

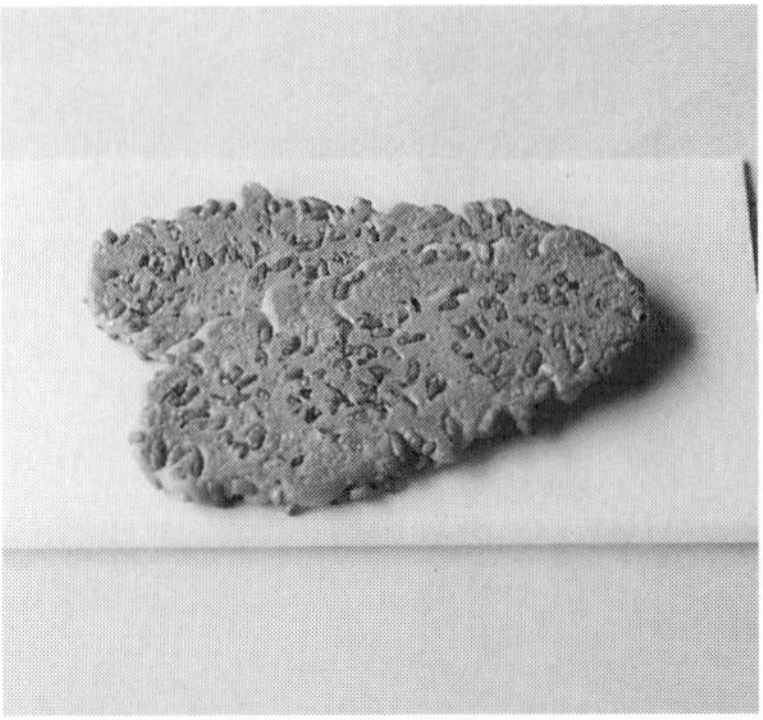
土山茶を使用した正和堂の「土山せんべい」

朝宮茶と餅菓子。洞之園にて

されている茶園で、ここのお茶は一般には求められず、山王《さんのう》祭や延暦寺浄土院の長講会《ちょうこうえ》に神仏に献茶されている。

全国五大銘茶のひとつとされるのが、甲賀市信楽町の朝宮《あさみや》茶。信楽は茶づくりに好適の風土に恵まれ、朝宮茶は独特の香気と滋味で全国茶品評会でも常に高い評価を受けている。起源は一二〇〇年前の嵯峨《さが》天皇のころにまでさかのぼるといわれる。

県下一の生産量を誇るのが、甲賀市土山《つちやま》町の土山茶。一説には貞和五年（一三四九年）に地元の常明寺の僧が、京都大徳寺から茶の実を譲り受け、この地に植えたのがはじまりという。渋みが少なく、深いコクの味わいには定評がある。

信楽や土山など近江茶の産地を訪ねると、地元のお茶とお菓子を味わえるお店と出会える。

信楽の洞之園《ほらのえん》は、丘陵の茶畑を見上げるようにして立つお茶屋さん。朝宮茶を専門に商う一方で、手づくりの餅菓子やわらび餅で客をもてなす。素朴な餅菓子は、朝宮茶の旨みを

朝宮茶を使用した茶城藤田園のお菓子

ひきたてる役目も果たしているのだ。

土山町の国道一号沿いにある道の駅・あいの土山では、購入した地元のお菓子を食べながら、土山茶を無料で飲むことができる。おすすめは土山茶を使用した和菓子の数々。正《しょう》和《わ》堂の緑茶をブレンドし『土山せんべい』、瀬古勝《せこかつ》製菓舗の抹茶入りの『抹茶まんじゅう』と煎餅に緑茶をトッピングして焼いた『茶々のさと』などがある。

一方の信楽でも、朝宮茶使用の和菓子は多い。茶城藤田園は朝宮茶の専門店で、茶の研究に余念のない当主の藤田照治さんが、茶葉のおいしさを生かした『茶城せんべい』や『しがらきにいってきました』『茶飴』などを開発した。信楽の銘菓である紫香楽製菓本舗の『うずくまる』にも朝宮茶が使われている。

同市甲南町の菓子長《かしちょう》では香りの朝宮茶と、味の土山茶を加えて丁寧に練り上げた『近江茶羊かん』をつくる。抹茶の風味の豊かな逸品である。

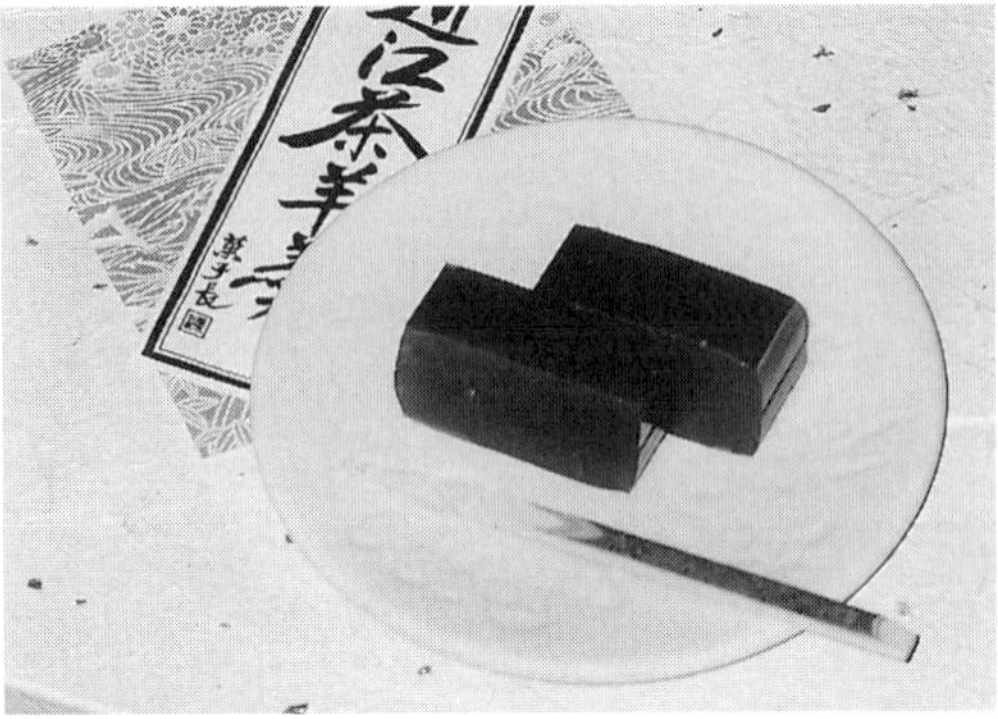
朝宮茶と土山茶をブレンドした菓子長の「近江茶羊羹」

お菓子屋が語る茶席のお菓子の心ばえ

「宇治は茶所、茶は政所《まんどころ》」と歌われた永源寺の政所茶は、永源寺五世管長・越渓《えっけい》秀格《しゅうかく》禅師が応永八年（一四〇一）ごろに茶を植栽したことにはじまると伝える。中世の時代より禅寺と茶の係わり合いは密接で、永源寺でも政所茶を用いての点茶が盛んに行われた。

当時を彷彿《ほうふつ》とさせるのが永源寺で毎年五月に催される『寂《じゃく》室《しつ》禅師奉賛茶会』。永源寺開祖をしのぶ盛大な茶会である。供茶式のあと、境内では抹茶、煎茶、番茶の各流儀になる茶席が設けられる。

茶席のお菓子を、第十五回の奉賛茶会の抹茶席に例をとれば、表千家流では彦根のいと重の主菓子を、遠州流では八日市栄町の一二三《ひふみ》堂製『風薫る』、裏千家流では大津の叶匠壽庵製『あやめ薯蕷《じょうよ》』が供された。さすがに茶人に認められた名店の主菓子。茶席に過不足なく、菓子器に品よく和んでいた。

一二三堂の春の主菓子から

一二三堂二代目当主の野田貞夫さんは「茶会のお菓子は、素材を吟味し、できたてをお届けするように、茶会の時間を見計らってつくります。奉賛茶会の主菓子は数が多いですから、夜通しの作業になりますね。以前は流派によって、お菓子のお好みの傾向がありましたが、近頃はどの流派の先生も『よいお菓子を』とのご注文。華やかな雰囲気のお菓子をつくることが増えましたが、やはり茶席のお菓子。華やかといってもけばけばしいものではなく、落ちつきのあるものになります」とお茶のお菓子について語る。

常設の茶室として、大津市瀬田南大萱《おおがや》町の文化ゾーンには滋賀県公園・緑地センターの設ける茶室「夕照庵《せきしょうあん》」がある。ここでは月曜日以外の毎日、立礼席で呈茶のもてなしが行われている。使用されているお菓子は、大津の亀屋廣房と花こよみの主菓子と干菓子。

亀屋廣房の初代は京菓子の老舗・亀末廣で修業し、暖簾《のれん》分けを許された店。二代目黄瀬清さんの調製するお茶のお菓子

花こよみの春の主菓子から

にも、洗練された都ぶりが漂う。
「茶会の趣向、菓子鉢などのお道具に合わせて菓子づくりをするのがお茶のお菓子です。もちろん食べておいしいものでありたいし、材料には特に上質のものを使います。夕照庵さんの場合は、不特定多数の方に召し上がってもらうので、主菓子としては一般受けするものになりますね。公園の中の茶室ですから、季節感には特に気をつけています」と話す。
一方の花こよみの当主である吉永秀基さんは「本来お茶のお菓子はご亭主がつくられるものですので、店でつくらせてもらう時も、ご亭主の好みや茶会の趣向をくみ取って製菓します。色、形、大きさ、すべてご亭主によって違いますね」。
花こよみの創業は平成十年とまだ新しいが、吉永さんは菓子職人として三十年以上のキャリアを持つ。「最近、パティシエの作る洋菓子のデザイン性にも関心があって、どちらかというと抽象的になりがちな和菓子を、あえて写実的につくってみることもあるんです」と新鮮な感覚の茶席の和菓子に

玄宮園の鳳翔台の茶室について。いと重製『埋れ木』

も取り組んでいる。

夕照庵以外にも常設の茶席を設けているところが各地にあり、彦根に例をとれば、彦根城の聴鐘庵《ちょうしょうあん》と玄宮園《げんきゅうえん》の鳳翔《ほうしょう》台《だい》が名高い。聴鐘庵からは湖東平野と鈴鹿山脈が一望でき、ここでは抹茶の主菓子として大菅製菓の『表御殿』を、国指定の大名庭園と彦根城を仰ぐ鳳翔台の茶室ではいと重の『埋《うも》れ木《ぎ》』がお決まり。両店ともに彦根の老舗で、ふたつのお菓子は求肥製の銘菓。地域の誇る茶席で、地元の歴史にちなんだお菓子をいただくのは、客にとっては嬉しい趣向となろう。

茶会のお菓子は正式には、濃茶に主菓子を薄茶に干菓子を出す。しかし大寄せの茶会などでは、薄茶にも主菓子を用いるし、主菓子と干菓子を併用することも多い。茶の湯のお菓子は茶会という集い、茶室という空間に融合し、お茶やお道具から離れたものになってはいけない。目立たずしかも引けをとらず、和やかに時には凛として菓子器に盛りつけられている。

叶匠壽庵の寿長生の郷

茶会のお菓子は、あくまで個々の茶会で食べられることを目的としてつくられているので、本来はその茶会で賞味することでお菓子の味や姿、菓銘にこめられた趣向がわかる。大津の叶匠壽庵は茶の湯のお菓子を、自ら営む茶室で供している。寿長生《すない》の郷《さと》(179ページ参照)にある茶室「清閑居《せいかんきょ》」は、茶道裏千家十五代家元により命名された。清閑居でいただくお菓子は、寿長生の郷の自然観を共有する亭主と菓匠の所産である。

「出来立ての季節の茶菓子を、無垢《むく》の自然ともてなしで一服していただければ嬉しい」とのご亭主の一言。床に飾られた茶花は、寿長生の郷で摘まれた野の花。誰もが気軽に茶の湯のお菓子を味わえるひとときである。

近江の茶人とお菓子

彦根城藩主きっての茶人といえば、井伊直弼《いいなおすけ》だろう。直弼は石州流《せきしゅう》に学び、やがて禅と茶の精神性を重んじる茶道観を築き、有名な『茶湯一会集《ちゃのゆいちえ》』を著した。茶会の備忘録も丁寧に記し、彦根の茶会については『彦根水屋帳』を残した。彦根水屋帳などに現れる茶会は、嘉永四年（一八五一）から安政七年（一八六〇）にかけて五十七回が確認されている。

直弼は茶会にて『ふのやき』（156ページ参照）など心づくしの手製のお菓子を供しながらも、京都のお菓子屋から趣向の茶菓子を取り寄せることもあった。彦根水屋帳によると、安政三年十二月の茶会には口取（主菓子）に「京製　紅白椿餅」を惣菓子（干菓子）に「京製　友千鳥」を用いている。

直弼の時代、すでに和菓子は完成されていた。彦根水屋帳に出てくるお菓子のいくつかを、享保三年（一七一八）刊行の『古今名物御前菓子秘伝抄《しょう》』と宝暦十一年（一七六一）の『古今名物御前菓子図式』から推測してみた。『大徳寺きんとん』は、餡玉をお餅でくるんだものを、白大角豆の漉餡《こし》で包んだものらしい。『山吹かん』は、薯蕷《じょうよ》の漉餡をくちなしの

彦根…井伊直弼も賞味した、いと重の「益壽糖」。

実で染めた練り羊羹か。

彦根水屋帳に登場するお菓子のなかで、もっとも興味深いのは『京製紅白千成鮨』であり『千歳すし』である。「鮨」あるいは「すし」がお菓子になるのだろうか。古今名物御前菓子図式には『鮨饅頭』が紹介されている。求肥飴で餡を包んで一文餅ほどの大きさにし、煎粉に漬けた求肥製のお菓子らしい。井伊家の御用商人であったいと重が調製してきた『益壽糖』（47・94ページ参照）も求肥製であり、まるで「漬け込んだ」ように和三盆糖をまぶしてある。近江の鮒《ふな》ずしは漬け込んでつくる鮨であるが「鮒ずしの製法からつけられたお菓子の名前なのかもしれない」などと想像するのは楽しい。

井伊直弼以外にも近江出身の代表的な茶人に、洛中洛外《らくちゅうらくがい》で大闘茶会を開いた佐々木道誉《どうよ》、遠州流の流祖の小堀遠州、また織田信長や豊臣秀吉をはじめ茶の湯を好んだ近江の城主（42ページ参照）がいる。それぞれの時代のお茶のお菓子の事情はいかがなものであったのだろう。近世の大庄屋や近江商人らも茶の湯を嗜《たしな》んだ記録（58ページ参照）が残っている。近江の先人たちがどのような茶席でどのような趣向のもと、お菓子を供したのであろうか。近江菓子への興味はますます深まるばかりなのである。

掲載店・団体一覧（一部の店舗を除く。丸数字で左ページ地図に位置を示した。）

大津市	大忠堂	①
	光風堂	②
	藤屋内匠	③
	鶴里堂	④
	三井寺力餅本家	⑤
	寺田物産	⑥
	鶴屋益光	⑦
	廣栄堂寿延	⑧
	鶴屋博道	⑨
	金時堂	⑩
	嶋屋	⑪
	亀屋廣房	⑫
	大塚文誠堂	⑬
	茶丈藤村	⑭
	叶匠壽庵	⑮
志賀町	大玉製菓	①
	八荒堂	②
草津市	吉田玉栄堂	①
	うばがもちや	②
守山市	若狭屋	①
	餅伊菓舗	②
	鶴屋吉正	③
	ＪＡおうみ冨士守山営農センター直売所（販売）	④
栗東市	阿波屋清重	①
野洲市	梅元老舗	①
	多胡製菓	②
湖南市	谷口長栄堂	①
	種幸商店	②
	かね福商店	③
甲賀市	一味屋	①
	種新	②
	菓子長	③
	甲賀もちふる里館	④
	正和堂	⑤
	道の駅･あいの土山（販売）	⑥
	高岡孝（かにが坂飴）	⑦
	瀬古勝製菓舗	⑧
	茶城藤田園	⑨
	洞之園	⑩
	紫香楽製菓本舗	⑪
近江八幡市	たねや	①
	清治屋	②
	和た与	③
	紙平老舗	④
竜王町	日進堂	①
安土町	まけずの鍔本舗万吾楼	①
東近江市	高田蛭子堂	①
	一二三堂	②
	井上製菓舗	③
	冨来郁	④
	生き活き館（販売）	⑤
能登川町	大幹堂	①
彦根市	大菅製菓	①
	いと重菓舗	②
	旭堂	③
多賀町	莚寿堂本舗	①
	多賀や	②
	ひしや	③
	寿屋	④
愛知川町	しろ平老舗	①
	都本舗さかえ屋	②
	御幸餅商舗	③
	小松屋老舗	④
長浜市	柏屋老舗	①
	エザキせんべい製菓	②
	丸喜屋	③
	元祖堅ボーロ本舗	④
	萬與	⑤
	藤本屋	⑥
	大正楼	⑦
	親玉本店	⑧
	餅吉商店	⑨
米原市	丁子屋製菓	①
	泡子屋	②
	そば処 伊吹野	③
湖北町	木元製菓舗	①
高月町	嶋津製菓店	①
木之本町	谷せんべい舗	①
余呉町	菊水飴本舗	①
西浅井町	正治郎	①
	みつとし本舗	②
	勝進堂	③
高島市	田口製菓舗	①
	亀屋森吉	②

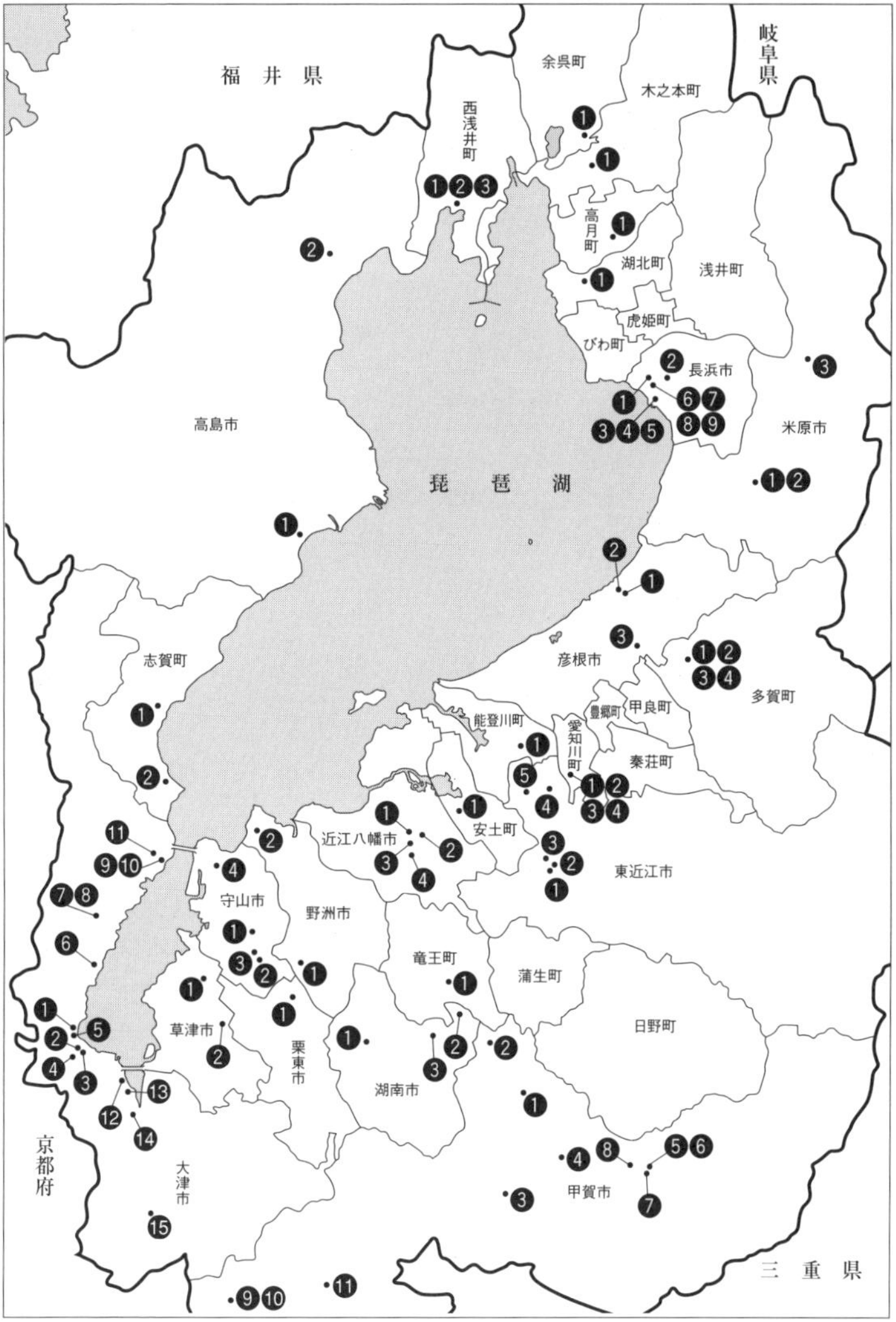
福井県
岐阜県
余呉町
木之本町
西浅井町
高月町
湖北町
浅井町
虎姫町
びわ町
長浜市
米原市
高島市
琵琶湖
志賀町
彦根市
多賀町
豊郷町
甲良町
能登川町
愛知川町
秦荘町
近江八幡市
安土町
東近江市
守山市
野洲市
竜王町
蒲生町
日野町
草津市
栗東市
湖南市
甲賀市
大津市
京都府
三重県

あとがき

「近江は豊かだ」それが近江の和菓子を取材した私の感想です。

今から四年前の二〇〇一年の春、近江の和菓子を訪ねる旅が始まりました。㈶滋賀県文化振興事業団から発行されている『湖国と文化』に「近江の郷土菓子」を連載させていただくことになったのです。ところが私は滋賀県民でありながら、お菓子のことはもとより、滋賀のことをほとんど知らない状態でした。その上「とりあえず資料に頼ろう」と思ったのは甘くて、近江の和菓子についてのまとまった資料は見つかりませんでした。仕方なく手探り、行き当たりばったりの取材になったのです。

手探れば近江の風土は和やかで、行き当たったところには近江の人の穏やかな暮しがありました。そんな風土と暮らしが育んできた郷土のお菓子。お菓子屋の店先で、お祭りのさなかに、お年寄りの掌に見つけたお菓子には、味わい深い歴史や物語があふれていて、ドキドキするほど「豊か」なのです。

今春「近江の郷土菓子」の連載をひとまず終えました。掲載された原稿に修正を加えて加筆し、テーマごとに構成をしたのが『近江の和菓子』です。調べれば調べるほど、新しい発見のある近江の和菓子の世界ですが、再出発の旅支度のつもりで、一応のまとめとさせていただきました。

実はお詫びをしなければなりません。本文中に掲載しました写真のほとんどは、苦手なカメラで私が記録用に撮影したものです。それぞれのお菓子の本来の美しさやおいしさを伝えられていないこと、本当に申しわけありません。

最後になりましたが「近江の郷土菓子」執筆の機会をくださった『湖国と文化』の編集長・中井二三雄様、この本の表紙と巻頭のカラーページに素晴らしい写真を寄せてくださった写真家の渡部巌様、編集にご尽力いただいたサンライズ出版の皆様、そして不躾な私の取材にもかかわらず、温かく応じてくださった一人一人の近江の皆様に心からお礼を申し上げます。ありがとうございました。

二〇〇五年晩秋

井上由理子

■著者略歴

井上　由理子（いのうえ　ゆりこ）

京都市に生まれる。現在、大津市に在住。

● 文筆

京都府の広報誌記者、各出版社の雑誌記者を経て、現在は新聞、雑誌などに随筆やルポ記事を執筆。著書に「京の和菓子12か月」（かもがわ出版）「古典芸能楽々読本」（アートダイジェスト）「能にアクセス」（淡交社）「京都の和菓子」（学研）。共著に「茶道学大系」四巻（淡交社）。主な執筆単行本に「四季・日本の料理」全4巻（講談社）「Jガイド京都」（山と渓谷社）など。書籍以外の執筆にCD「江戸の文化」全5巻（コロムビア）。

● 白拍子舞

平安末期から鎌倉時代に活躍した白拍子の芸能を舞、歌、語りにより創作。流儀をもたないで、遊行の芸能者として表現活動を行う。

近江《おうみ》の和菓子《わがし》　　別冊淡海《おうみ》文庫15

2005年11月25日　初版1刷発行

企　画／淡海《おうみ》文化を育てる会

著　者／井上　由理子

発行者／岩根　順子

発行所／サンライズ出版

滋賀県彦根市鳥居本町655-1

☎0749-22-0627　〒522-0004

印　刷／サンライズ出版株式会社

ISBN4-88325-151-9

淡海《おうみ》文庫について

「近江」とは大和の都に近い大きな淡水の海という意味の「近（ちかつ）淡海」から転化したもので、その名称は「古事記」にみられます。今、私たちの住むこの土地の文化を語るとき、「近江」でなく、「淡海」の文化を考えようとする機運があります。

これは、まさに滋賀の熱きメッセージを自分の言葉で語りかけようとするものであると思います。

豊かな自然の中での生活、先人たちが築いてきた質の高い伝統や文化を、今の時代に生きるわたしたちの言葉で語り、新しい価値を生み出し、次の世代へ引き継いでいくことを目指し、感動を形に、そして、さらに新たな感動を創りだしていくことを目的として「淡海文庫」の刊行を企画しました。

自然の恵みに感謝し、築き上げられてきた歴史や伝統文化をみつめつつ、今日の湖国を考え、新しい明日の文化を創るための展開が生まれることを願って一冊一冊を丹念に編んでいきたいと思います。

一九九四年四月一日